# Augen auf beim Autokauf

von

Julian Thier

1. Auflage Oktober 2018



Herstellung und Druck: Siehe Eindruck auf der letzten Seite

ISBN Taschenbuch: 9781724194794

Covergestaltung: germancreativ / fiverr.com

Layout: Fabian Thier

Lektorat: Florian Thier

# Danksagungen

Ein Buch zu schreiben ist bei weitem nicht die einzige Herausforderung, die es bis zur Veröffentlichung braucht. Meinen ganz besonderen Dank richte ich an meine Brüder Florian und Fabian, die mir bei allen Fragen immer zur Hilfe standen und mich im Lektorat, Layout und der Veröffentlichung dieses Buches unterstützt haben.

Bedanken möchte ich mich auch bei meinen Freunden und Kunden, die mir regelmäßig Fragen zum Auto gestellt haben und diese Idee somit überhaupt erst aufkommen ließen.

Auch meine Freundin Kathi verdient einen riesengroßen Dank für Ihre Geduld die ich Ihr abverlangt habe, während ich dieses Buch geschrieben habe.

Zum Schluss bedanke ich mich noch bei Ihnen für den Kauf dieses Buches und wünsche Ihnen viele neue Erkenntnisse beim Lesen.

# Inhalt

# Vorwort

Liebe Leserin,
lieber Leser,

Wir leben in einer Zeit, in der zwei Faktoren eine bedeutende Rolle spielen. Zeit und Geld. Die Technik entwickelt sich stetig weiter. Um nicht auf der Strecke zu bleiben, sollten wir uns kontinuierlich informieren und fortbilden. In der heutigen Zeit haben wir Alle ständigen Zugang zu allen wichtigen Informationen zu nahezu jedem beliebigen Thema. Es existieren für jeden Suchbegriff hunderte von Treffern bei Google, dutzende Videos auf YouTube und mindestens genauso viele Blogs. Über Facebook kommunizieren wir mit Gleichgesinnten in speziellen Gruppen, wir liken und teilen Artikel zu unseren Lieblingsthemen und abonnieren diverse Onlinemagazine. Für mich ist es allerdings extrem schwierig, die Flut an

Informationen zu bündeln und gedanklich zu erfassen. Vielleicht geht es Ihnen ähnlich. Kurz die neuesten Nachrichten auf Facebook durchlesen, dann schnell die Emails checken und parallel noch den Lieblingsblog lesen. Im Laufe eines Tages nehmen wir tausende von Informationen auf, aber die wenigsten bleiben hängen. Es sind einfach zu viele Informationen. Wir können nicht unterscheiden, welche Informationen wichtig sind und welche nicht.

Aus genau diesem Grund, bin ich ein Freund von Ratgebern. Ein Fachbuch ist nicht nur eine Sammlung von Informationen. Die Autorin oder der Autor eines Ratgebers, bündelt die wichtigsten Informationen zu einem bestimmten Themengebiet in einem Taschenbuch oder ähnlichen Formaten. Je nach Seitenanzahl, lässt sich so ein Buch in wenigen Stunden durchlesen.

Im Vergleich zu der täglichen Informationsflut über alle möglichen Kanäle, bietet ein Buch zwei entscheidende Vorteile.

1. **Sie bekommen ausschließlich ausgewählte Informationen.**

2. **Sie konsumieren diese gebündelt und zusammenhängend in einer relativ kurzen Zeit.**

So viele Vorteile das Internet auch bieten mag, wenn Sie sich Wissen aneignen möchten, dann sind meiner Meinung nach, Bücher immer noch das beste Medium. Da Sie sich dazu entschieden haben dieses Buch zu kaufen, gehe ich davon aus, dass Sie ähnlicher Ansicht sind.

In diesem Buch stelle ich Ihnen relevante und gebündelte Informationen rund um das Thema Autokauf zusammen. Es soll für Sie darum gehen, sich das notwendige Wissen anzueignen, um ein Fahrzeug für Ihre Bedürfnisse zu finden, Schwachstellen zu identifizieren und somit Unsicherheiten bei der Kaufentscheidung zu minimieren. Zudem erkläre ich Ihnen, wie Sie bei der Preisverhandlung, der Zulassung und der Versicherung vorgehen können.

Dieses Buch verfolgt also das Ziel, Sie Schritt für Schritt zu Ihrem Wunschfahrzeug zu führen.

Bevor wir starten, möchte ich noch kurz darauf eingehen, warum ich dieses Buch geschrieben habe und vor allem, warum ich dafür qualifiziert bin. Mein Name ist Julian Thier, ich bin 29 Jahre jung und lebe im Münsterland. Im Jahr 2005 begann ich meine Ausbildung zum Kfz-Mechatroniker in einem Autohaus.

Nach der Ausbildung wurde ich in diesem Unternehmen übernommen und verdiente mein Geld dort 4 Jahre lang als Mechatroniker-Geselle. Eine tolle Zeit, in der ich viele Erfahrungen in allen Bereichen des KFZ-Handwerks sammeln durfte. Um mein erlangtes Wissen weiter zu vertiefen, entschied ich mich die Meisterschule zu besuchen.

Schweren Herzens aber voller Vorfreude kündigte ich meine Anstellung. Nach zehn Monaten des Lernens bestand ich schließlich die Abschlussprüfung. Fortan durfte ich mich Kraftfahrzeugtechniker-Meister nennen. Bereits einen Tag nach dieser Prüfung, begann ich meine erste Anstellung als Meister in einer freien

Werkstatt. Ab sofort war ich der erste Ansprechpartner für Mitarbeiter und Kunden. Eine neue Erfahrung und Herausforderung zugleich. Genau ein Jahr verbrachte ich in dieser Werkstatt, bis der nächste Schritt auf mich wartete.

Ich wechselte zu einem Autohaus, in dem ich die Werkstattleitung hatte und gleichzeitig als Berater für die Kunden agierte. Erneut konnte ich meine Fachkompetenzen erweitern und an Persönlichkeit gewinnen. Nach zwei aufregenden und lehrreichen Jahren zog es mich zurück zu meinen Wurzeln. Zurück in meinen damaligen Ausbildungsbetrieb.

Dort arbeite ich bis heute als Serviceberater und Werkstattmeister. Ein abwechslungsreicher Job, in dem fachliches Know-How eines Kfz-Meisters und die persönliche Kompetenz im Umgang mit Kunden gefragt sind.

Aus meinen bisherigen Erfahrungen, sowohl fachlich als auch im Umgang mit Menschen, konnte ich stets eine wichtige Erkenntnis mitnehmen. Der Fortschritt schläft nicht! Nur, wer sich kontinuierlich informiert, kann mit dem rasanten Wandel der Technik mithalten. Aus diesem Grund werde ich mich in den nächsten Jahren genauer mit der Elektromobilität beschäftigen. Es werden noch einige Jahre vergehen bis sich dieser alternative Antrieb etabliert, jedoch möchte ich zu diesem Zeitpunkt bereits ein Spezialist auf diesem Gebiet sein. Die Idee, ein Buch zu schreiben, verdanke ich in erster Linie meinem privaten Umfeld. Ich werde immer wieder von Familienmitgliedern oder Freunden gefragt, ob ich ihnen ein Fahrzeug suchen oder einmal ein Fahrzeug ansehen würde.

Bei zweitgenanntem musste ich oft feststellen, dass diese Fahrzeuge zwar meist günstig waren, der Zustand der Fahrzeuge allerdings oft unzureichend war. Andersherum gab es auch Fahrzeuge, deren Zustand einwandfrei war, die man aber auch durch geschicktes Verhandeln günstiger hätte bekommen können.

Bei Freunden, die auf eigene Faust ein Fahrzeug kauften, zeigte sich oft das gleiche Bild. Offensichtliche Mängel wurden nicht erkannt oder vom Verkäufer geschickt umgangen bzw. verschwiegen. Aus Unwissenheit wurden diese Fahrzeuge meist gekauft. Doch nicht nur

Unwissenheit war verantwortlich für die verfrühte Kaufentscheidung. Aus anschließenden Gesprächen mit meinen Freunden, erfuhr ich etwas für mich Neues. So wurde mir berichtet, wenn einmal der Entschluss gefasst war, ein Fahrzeug zu kaufen, musste es schnell her. Geachtet wurde zwar stets auf den Preis, nicht aber auf das Preis-/Leistungsverhältnis.

Das emotionale Bedürfnis umgehend ein Fahrzeug zu besitzen, lies oftmals keinen Platz für rationale Betrachtungen. Auch beruflich bestätigt sich dieser Eindruck. Ich treffe fast täglich auf Kunden, die sich ein gebrauchtes Fahrzeug gekauft haben und sich im Anschluss dazu entschieden haben, dieses einmal durchchecken zu lassen.

Grundlegend eine vernünftige Entscheidung, die leider oftmals zu spät getroffen wird. Reparaturkosten von weit über 100% des Kaufpreises sind dann keine Seltenheit.

Mein Credo lautet daher:

## *„Erst informieren, dann kaufen!“*

Viel Spaß beim Lesen,

Julian Thier

# 1.Los geht´s

*"Das Auto hat das Pferd noch lange nicht verdrängt. Oder kennen Sie ein Denkmal, auf dem ein Mann am Steuer sitzt?"*

*Hans Günther Winlker, Springreiter Legende*

Bevor wir uns ausführlich mit Ihrem Traumwagen beschäftigen, steigen wir mit Grundlagen in dieses Buch ein. Zur Einführung geht es um unsere deutschen Straßen und Personenkraftwagen kurz PKW. Welche Fahrzeugtypen sind hier unterwegs? Diese Frage beantworte ich im Folgenden, vor allem in Hinblick auf den sich daraus entwickelnden Gebrauchtwagenmarkt.

## 1.1 Aktuelle Zahlen des Kraftfahrtbundesamtes

Auf den folgenden Seiten schauen wir uns die Zahlen der zugelassenen PKW in Deutschland an. Einmal jährlich stellt das Kraftfahrtbundesamt in der Jahresbilanz alle Daten zur Verfügung. Stand der in diesem Buch verwendeten Zahlen ist der 01. Januar 2018.

An diesem Tag betrug die Anzahl der in Deutschland zugelassenen PKW 46.474.594 Stück. Ein Jahr zuvor, also am 01. Januar 2017, betrug diese Anzahl noch 45.803.560 Stück. Dies entspricht einem Zuwachs von 1,5%. Wenn man die Anzahl an PKW in Deutschland der Einwohnerzahl gegenüberstellt wird klar, dass bei rund 82 Millionen Einwohnern, statistisch gesehen mehr als jeder zweite einen PKW besitzt. 89,3% dieser Fahrzeuge sind auch in privater Hand.

In **Tabelle 1** sehen wir die Aufteilung dieser Fahrzeuge nach Kraftstoffarten. Mit einem Anteil von 65,5%, ist der Benziner der meist verbreitete Motor in Deutschland. Erstaunlicherweise ist trotz

Abgasaffäre, die Anzahl an Dieselmotoren gestiegen. Dieser erlangte einen Zuwachs von 0,7% gegenüber dem 01. Januar 2017. Mit einem Gesamtanteil von 32,8% ist der Dieselmotor halb so oft vertreten, wie der Benzinmotor.

Personenkraftwagen am 01. Januar 2018 nach ausgewählten Kraftstoffarten

| Kraftstoffart | Anzahl am 01. Januar 2018 | Anteil in % | Anzahl am 01. Januar 2017 | Anteil in % | Veränderung gegenüber dem 01. Januar 2017 in % |
|---|---|---|---|---|---|
| Benzin | 30.451.268 | 65,5 | 29.978.635 | 65,5 | +1,6 |
| Diesel | 15.225.296 | 32,8 | 15.089.392 | 32,9 | +0,9 |
| Flüssiggas | 421.296 | 0,9 | 448.025 | 1,0 | -6,0 |
| Erdgas | 75.459 | 0,2 | 77.187 | 0,2 | -2,2 |
| Hybrid | 236.710 | 0,5 | 165.405 | 0,4 | +43,1 |
| Darunter Plug-in | 44.419 | 0,1 | 20.975 | 0,0 | +111,8 |
| Elektro | 53.861 | 0,1 | 34.022 | 0,1 | +58,3 |

Bemerkenswert ist zudem der Anstieg an Hybrid- und Elektrofahrzeugen. Auf den Marktanteil gesehen noch relativ selten, konnten diese Typen aber mit 43,1% (Hybrid) und 58,3% (Elektro) den größten prozentualen Zuwachs verzeichnen.

Anhand dieser Zahlen lässt sich erkennen, dass sich „Autodeutschland“ am Anfang eines möglichen

Umbruchs befindet. Niemand kann voraussagen, wie sich dieser Markt weiter entwickeln wird, dennoch dürfen wir gespannt sein, welche die Technologie von morgen wird.

**Was ist ein Hybrid?**

Ein Hybridantrieb ist die Kombination von mehreren unterschiedlichen Antriebsarten in einem Fahrzeug. In den meisten Fällen sind ein Elektromotor und ein Verbrennungsmotor verbaut. Die offizielle Bezeichnung für ein solches Fahrzeug lautet Hybridelektrofahrzeug, kurz HEV aus dem Englischen hybrid electric vehicle.

Bei einem Plug-In-Hybriden kann die Batterie zusätzlich noch durch eine externe Stromquelle, vom häuslichen Stromnetz, aufgeladen werden. Als nächstes schauen wir uns das Alter der Fahrzeuge genauer an.

In **Tabelle 2** sehen wir, dass am 01. Januar 2018 von rund 46,5 Millionen in Deutschland zugelassenen PKW, die Mehrheit der zugelassenen Fahrzeuge mit einem Anteil von 28,6% zwischen fünf und neun Jahre alt war.

Rund jedes siebzigste Fahrzeug war über dreißig Jahre alt.

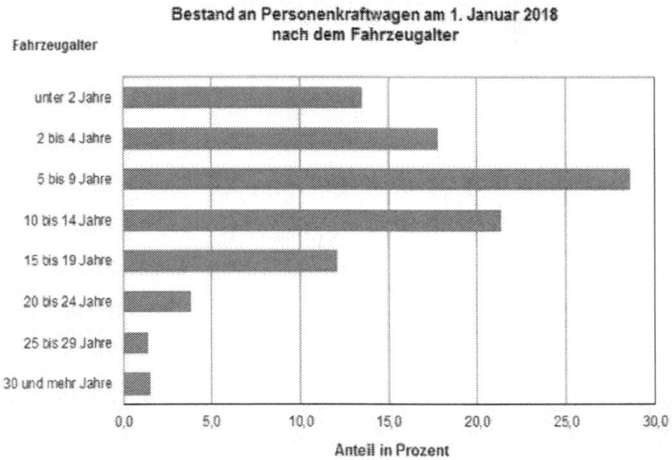


In **Tabelle 3** sehen wir das Durchschnittsalter der zugelassenen Pkw. Dies betrug am 01. Januar 2018 9,4 Jahre. Ein Jahr zuvor lag es noch bei 9,3 Jahren und vor gut zehn Jahren betrug das Durchschnittsalter noch 8,2 Jahre. Die PKW werden folglich immer älter. Dies ist vor allem auf die steigende Qualität in Bezug auf die Karosserie und den vielseitigen Ersatzteilmarkt zurückzuführen.

## Durchschnittliches PKW Alter jeweils am 01. Januar seit 2009 in Jahren

| Jahr (jeweils 01.Januar) | Fahrzeugalter |
|---|---|
| 2009 | 8,2 |
| 2010 | 8,1 |
| 2011 | 8,3 |
| 2012 | 8,5 |
| 2013 | 8,7 |
| 2014 | 8,8 |
| 2015 | 7 |
| 2016 | 9,2 |
| 2017 | 9,3 |
| 2018 | 9,4 |

Quelle: www.kba.de

# 2. Fahrzeuge finden und kaufen

*"Am Anfang schaute ich mich um und konnte den Wagen, von dem ich träumte, nicht finden. Da beschloss ich, ihn selber zu bauen."*

*Enzo Ferrari*

Durch die Einführung des Internet hat sich der Markt stark verändert. Wo man früher ausschließlich beim ortsansässigen Autohändler nach einem Fahrzeug Ausschau gehalten hat, kann man heute im Internet deutschland- oder europaweit einfach Fahrzeuge finden. Auch die ortsansässigen Autohändler verkaufen ihre PKW vermehrt auf Internetplattformen. Entweder auf der eigenen Homepage oder verschiedenen anderen Seiten. Die wichtigsten Seiten stelle ich Ihnen nachfolgend kurz vor.

## 2.1 Gebrauchtwagenportale

Die einfachste und bequemste Art ein Fahrzeug zu suchen, ist natürlich das Internet. Hier gibt es unzählige Plattformen, auf denen Privatleute und Firmen Fahrzeuge anbieten.

Ich möchte kurz auf die drei bekanntesten Plattformen eingehen.

- **Mobile.de**
- **Autoscout24.de**
- **Ebay-Kleinanzeigen.de**

Die Plattformen Mobile.de und Autoscout24.de sind auf Fahrzeuge spezialisiert. Vereinfacht wird die Suche durch unzählige Selektionskriterien. Von Hersteller, Model oder Antriebsart bis hin zu Alter des Fahrzeugs, Preis, Laufleistung und Entfernung des Fahrzeugs vom eigenen Standpunkt, kann beliebig ausgewählt werden. Bei Ebay-Kleinanzeigen.de ist es ähnlich. Im Gegensatz zu den beiden erstgenannten Plattformen, können auf diesen Seiten neben PKW auch sämtliche andere Gegenstände erworben werden. Die Suchfunktion ist daher auch etwas unspezifischer gestaltet. In der Suchfunktion kann man aber den Hersteller und einen Typen angeben, z.B. Ford Fiesta.

Sucht man nach diesen Kriterien, erhält man alle gelisteten Modelle dieses Typen im jeweiligen Suchradius. Ich persönlich suche am häufigsten auf den Seiten von Ebay-Kleinanzeigen.de. Ich kann schnell nach Fahrzeugen in meiner Stadt suchen und diese im Anschluss vor Ort begutachten. Für den Laien sind diese Seiten aber eher ungeeignet um das richtige Auto auf Anhieb zu finden. Es fehlen leider sehr oft wichtige Angaben zur Motorisierung und Anzahl der Vorbesitzer.

## 2.2 Gewerblicher Händler

Ein gewerblicher Autohändler ist jemand, der ein

Gewerbe langfristig mit der Absicht betreibt, Fahrzeuge gewinnbringend zu verkaufen. Dazu gehören sowohl Autohäuser, Onlinehändler oder Autowerkstätten mit Verkaufsabteilung von Gebraucht- und/oder Neufahrzeugen. Wer sein Fahrzeug bei einem gewerblichen Händler kauft hat den Vorteil, dass der Verkäufer dem Käufer eine Gewährleistung geben muss.

Wenn Sie Ihren Gebrauchtwagen bei einem gewerblichen Händler erwerben, ist dieser gesetzlich dazu verpflichtet, für zwei Jahre an Schäden am Fahrzeug aufzukommen. Es ist aber zulässig, wenn dies schriftlich im Kaufvertrag festgehalten wird, dass die Sachmängelhaftung auf ein Jahr verkürzt wird.

Im Falle eines Mangels am Fahrzeug, muss dieser unentgeltlich nachgebessert werden. Nach einem halben Jahr jedoch beginnt die Beweislastumkehr. Nach sechs Monaten muss der Käufer dem Verkäufer nachweisen, dass der Mangel schon seit Kauf am Fahrzeug besteht. Wie Sie Sich denken können, wird dies in den meisten Fällen schwierig zu beweisen sein. Eine gute Ergänzung zur

Gewährleistung ist eine Gebrauchtwagengarantie, die Sie in vielen Autohäusern zusätzlich abschließen können. Diese gibt es schon ab 20€ pro Monat und haftet auch noch nach dem Ende der Gewährleistungsfrist. Lassen Sie sich hierzu unbedingt von dem jeweiligen Verkäufer beraten.

***Mein Tipp:***

*Für Menschen ohne Kenntnisse im Kfz-Bereich, sollten seriöse Autohäuser Ihre erste Anlaufstelle sein.*

Aber wenn ein Verkäufer darauf besteht, dass Sie diese Gebrauchtwagengarantie zusätzlich kaufen oder ansonsten den Kauf zu einem Privatkauf wandeln will, sollten Sie bei diesem Händler unter keinen Umständen ein Fahrzeug erwerben. Ich empfehle Ihnen daher, den Fahrzeugkauf immer in einem seriösen Autohaus abzuschließen. In Autohäusern mit Kfz-Werkstatt bekommen Sie alles aus einer Hand. Entsprechendes Fachpersonal steht zur Beratung zur Verfügung. Eine immer wichtigere Komponente, ist der After-Sale-Service. Achten Sie vor Vertragsabschluss darauf, dass ein solcher

Service angeboten wird. Bei unseriösen Händlern, die ausschließlich von Einmalgeschäften leben, wird ein solcher Service nicht angeboten.

## 2.3 Private Verkäufer

Anders als beim gewerblichen Verkauf hat der Privatverkäufer keinerlei Verpflichtungen einer Gewährleistung. Oftmals wird der Kaufvertrag um einen Passus erweitert. Beispiele sind „Gekauft wie gesehen“ oder „Unter Ausschluss der Gewährleistung“. Im Falle eines Mangels, muss dessen Nachbesserung in der nächsten Werkstatt aus eigener Tasche gezahlt werden. Ausnahmen sind die so genannten arglistig verschwiegenen Mängel. Bei solchen, bewusst verschwiegenen Mängeln, können diese Klauseln unwirksam werden. Meistens sind die Fahrzeuge bei Privatverkäufern günstiger als bei Autohäusern. Gründe dafür sind fehlende Gewährleistung, fehlender Service und nicht zuletzt steuerliche Vorteile gegenüber gewerblichen Händlern. Leider sehe ich oft, dass sich potenzielle Schnäppchen als Fehlkäufe herausstellen.

# 3. Auswahlverfahren

*"Jeder Kunde kann sein Auto in jeder gewünschten Farbe bekommen, solange diese Farbe schwarz ist."*

*Henry Ford*

Nachfolgend beschäftigen wir uns mit der Auswahl des richtigen Fahrzeugs für Ihre Bedürfnisse. Es gibt unzählige Autohersteller mit vielen verschiedenen Modellen. Diese Modelle unterscheiden sich in erster Linie in Alter, Optik, Motorisierung, Größe, Qualität und Preis.

Ich kann Ihnen nicht sagen, welches Fahrzeug das Beste ist, aber ich kann Ihnen helfen den richtigen Typen für Ihre Bedürfnisse zu finden. Viele Umstände können den Traum vom eigenen

Fahrzeug beeinflussen, so ein Jobwechsel, Arbeitslosigkeit oder Nachwuchs.

***Mein Tipp:***

*Erst informieren, dann kaufen!*

## 3.1 Neu- oder Gebrauchtwagen

Ein guter Gebrauchter oder doch einen Neuwagen?

Ein junger Gebrauchtwagen ist heute nicht mehr weit entfernt vom Neuwagenschnäppchen. Sie können sich nach Ihren Wünschen den neuen Traumwagen konfigurieren und bis nach Hause liefern lassen.

Bei gewerblichen Händlern bekommen Sie bei Erwerb eines Neuwagens die volle Herstellergarantie und Sie können mit etwas Recherche schnell einen Nachlass von bis zu 30% unter dem gegebenen Listenpreis aushandeln. Achten Sie zudem darauf, dass Sie Ihren Altwagen, sofern vorhanden, in Zahlung geben können.

Im Einzelfall kann das durchaus Sinn ergeben, ist aber dennoch meist die deutlich teurere Variante im Verhältnis zum Erwerb eines Gebrauchtwagens. Denn so viele Vorteile so ein Neuwagen mit sich bringt, so viele Nachteile gibt es auch. Schon nach der ersten Zulassung hat Ihr Wagen einiges an Wert verloren, auch wenn dieser noch keinen Meter gefahren wurde. Um nur einen Nachteil zu nennen. Ein Gebrauchtwagen hingegen verliert deutlich weniger an Wert. Als gebraucht bezeichnet man alle Fahrzeuge, die bereits zugelassen waren, auch wenn diese noch keine Laufleistung auf dem Kilometerzähler vorweisen. Dazu zählen auch Tageszulassungen.

Als "Tageszulassung" bezeichnet man Fahrzeuge, die kurzzeitig auf das Autohaus zugelassen werden, ohne wirklich Kilometer gefahren zu sein. Dies geschieht mit der Absicht, dieses Fahrzeug danach mit höherem Rabatt an Endkunden verkaufen zu können. Jahreswagen hingegen sind oft Fahrzeuge, die von Werksmitarbeitern gefahren wurden. Diese können Sich regelmäßig neue Fahrzeuge aussuchen und die "alten" können veräußert werden. Eine besondere Variante ist der so genannte Leasing

Rückläufer. Fahrzeuge die von Firmen über zwei bis drei Jahre geleast werden und dann zurückgegeben werden. Wenn Sie sich für ein solches Fahrzeug entscheiden, sind Sie nah am Neuwagen, jedoch ohne die Möglichkeit der ganz persönlichen Konfiguration nach Ihren Wünschen.

## 3.2 Preisgestaltung

Bei der Suche nach dem passenden Fahrzeug für Sie, sollte der Preis den Sie bereit sind zu zahlen, dass erste Entscheidungskriterium sein. Machen Sie sich im Vorfeld Gedanken dazu und wählen Sie den Betrag mit Verstand. Es geht in erster Linie darum, wie viel Sie ausgeben können und möchten. Gehen wir jetzt davon aus, dass Sie 8.000€ für Ihren Gebrauchtwagen ausgeben möchten. Ob Sie dieses Geld auf dem Konto haben oder es sich von der Bank leihen, spielt in diesem Moment keine Rolle. Dazu kommen wir in einem späteren Kapitel. An dieser Stelle gebe ich Ihnen einen Tipp, den leider kaum einer meiner Kunden berücksichtigt. Ziehen Sie von Ihrem Maximalbetrag für den Gebrauchtwagen 10%

ab. In unserem Beispiel wären das 800€ (8.000*10%). Ihr Maximalbetrag ist somit noch 7.200€ (8.000-800). Wenn Sie ein eigenes Fahrzeug besitzen, sollten Sie sich Rücklagen bilden. Ähnlich wie bei einem Defekt Ihrer Waschmaschine. Geht etwas kaputt, dann muss es repariert werden. Die Reparaturkosten können bei Kleinigkeiten schnell in einen dreistelligen Betrag gehen. Wenn Ihr Wunschfahrzeug vom gewerblichen Händler kommen soll, haben Sie natürlich Anspruch auf Mängelbeseitigung im Rahmen der Gewährleistungsfrist. Was kommt danach?

Um Risiken bei Gebrauchtwagen zu minimieren, sollten Sie daher Rücklagen für solche Fälle bilden. Diese 10% Regel ist natürlich kein fixer Betrag. 600€ sollten es minimal sein, die Sie zurücklegen. Wenn Sie den, für sich passenden Betrag gewählt haben, können wir uns mit der Bauart des Fahrzeugs beschäftigen.

**Mein Tipp:**

Rücklagen bilden um Risiken zu minimieren.

# 3.3 Bauart

Familienauto, Stadtflitzer oder doch Pendlerfahrzeug? Wenn Sie sich dazu entschieden haben ein Auto zu kaufen, wissen Sie mit Sicherheit auch wozu Sie es brauchen. Verschiedene Situationen verlangen unterschiedliche Fahrzeuge. Nachfolgend erkläre ich Ihnen für welche Lebensumstände, welches Fahrzeug am ehesten geeignet ist. Benötigen Sie ein Auto für Ihre Familie, sollten Sie einen Kombi oder so genannten Van in Betracht ziehen.

Geräumig, Türen für den Einstieg hinten und einen Kofferraum für den Kinderwagen. Der Nachteil sind oft die höheren Kraftstoffkosten aufgrund des größeren Gewichtes. Einen Kleinwagen sollten Sie kaufen, wenn Sie nur für gelegentliche Zwecke ein Fahrzeug brauchen, z.B. zum Einkaufen oder für den Besuch der Verwandtschaft.

Auch in kleine Parklücken passt so ein Kleinwagen und Ihr Geldbeutel wird an der Tankstelle deutlich weniger belastet. Natürlich ist dies auch mit größeren Fahrzeugen möglich, doch denken Sie daran, dass dieses Fahrzeug für Sie sein soll und nicht um Freunde oder Bekannte durch die Gegend zu fahren. Benötigen Sie Ihr Auto, um zu Ihrer Arbeitsstelle in einen anderen Ort zu gelangen, sollte bei Ihrer Kaufentscheidung eine geringe Laufleistung im Vordergrund stehen, da im Laufe des Fahrzeuglebens voraussichtlich noch einige Kilometer hinzukommen werden.

Ob es Kleinwagen aufgrund des geringeren Gewichtes oder ein Kombi für die Familie zu Hause wird, hängt individuell von Ihrer Situation ab. Generell sollten Sie sich mit der Wahl Ihres Fahrzeugs wohlfühlen. Es wäre von großem Nachteil, wenn Sie Ihr Fahrzeug nach kurzer Zeit wegen Nichtgefallens wieder veräußern würden.

***Mein Tipp:***

*Das günstigste Fahrzeug ist das, welches über einen langen Zeitraum gefahren wird.*

# 3.4 Motorisierung

Derzeit beherrschen zwei Motorarten den Markt. Der Benzinmotor und der Dieselmotor. Wegen dem derzeit hohen Marktanteil dieser etablierten Antriebe, konzentrieren wir uns zunächst nur auf diese zwei „Verbrenner". Anschließend erläutere ich Ihnen die stark wachsenden Elektro- und Hybridmotoren. Technisch möchte ich gar nicht so tief ins Detail gehen, jedoch gibt es einige für Sie relevante Vor- und Nachteile. Starten wir mit dem Benzinmotor.

## 3.4.1 Benzinmotor

Dieser Motor sollte für Sie erste Wahl sein, wenn Sie viele Kurzstrecken, sprich zum Einkaufen oder ähnliches fahren. Als grobe Faustregel gilt, wer weniger als 9.000 bis 12.000 Km im Jahr fährt, sollte den Benziner bevorzugen. Die höheren Kraftstoffkosten im Verhältnis zum Diesel, werden durch geringere KFZ-Steuern aufgewogen. Stellen wir zwei identische Fahrzeuge gegenüber, die sich nur an der Art des Motors, also Benzin oder Diesel, unterscheiden, können wir in den meisten Fällen beim Benziner den günstigeren Kaufpreis erzielen. Zurückzuführen ist dies auf die Gegebenheiten des Motors.

Hat der Benziner weniger Leistung als der Diesel, so fehlen auch Bauteile, wie Turbolader oder Rußpartikelfilter. Man sollte diesen Umstand aber nicht als Nachteil auslegen. Wer meist innerorts oder im Berufsverkehr fährt, hat kaum die Chance die ganze Leistung des Fahrzeugs auszufahren. Bedenken Sie: Teile die nicht verbaut sind, können auch nicht kaputt gehen.

## 3.4.2 Dieselmotor

Einen Diesel sollten Sie sich dann kaufen, wenn Sie täglich weite Strecken zurücklegen. Dabei ist „weite“ das ausschlaggebende Wort. Ein Dieselmotor benötigt Zeit, um die wünschenswerte Betriebstemperatur zu erlangen. Nur in warmem Zustand agiert dieser Motor langlebig. Der Partikelfilter muss sich regelmäßig regenerieren, was nur in optimalem Betriebszustand möglich ist. Der Dieselmotor ist ein effizienter Motor, der mit geringem Hubraum viel Leistung abrufen kann, was auch im Kraftstoffverbrauch deutlich zu spüren ist. Des Einen Vorteile sind des Anderen Nachteile. Höhere KFZ-Steuern zerren am geringen Dieselpreis an der Tankstelle. Wenn Sie mehr als 12.000 Km im Jahr zurücklegen, sollten Sie diesen Motor in Betracht ziehen. In Kapitel 1 haben wir gesehen, dass Elektro- und Hybridfahrzeuge auf dem Vormarsch sind. Sprechen wir also darüber, was das genau ist und ob diese Fahrzeuge auch für Sie in Frage kommen.

**Bitte beachten Sie:**

Wird Ihnen von einem Freund oder einem Bekannten ein Fahrzeug angeboten, sollten Sie anhand Ihrer Bedürfnisse entscheiden, ob ein Kauf für Sie in Frage kommt. Ein Fahrzeug sollte Sie die nächsten Jahre begleiten.

### 3.4.3 Batterieelektrofahrzeuge (BEV)

Ein Elektroauto kommt ganz ohne Verbrennungsmotor aus und fährt rein elektrisch. Elektroautos sind in der Anschaffung noch deutlich teurer als Fahrzeuge mit reinem Verbrennungsmotor.

Je nach Hersteller und Fahrzeugtyp, müssen Sie den doppelten Preis in Kauf nehmen. Die erhöhten Anschaffungskosten im Vergleich zu einem klassischen Verbrenner, rechnen sich laut ADAC-Studie nur im Ausnahmefall. Geringere Werkstattkosten, durch nicht vorhandene Kupplung oder fehlender Abgasanlage, amortisieren die Anschaffungskosten eines Elektrofahrzeuges nur über einen längeren Zeitraum.

Zunächst sollten Sie daher Ihr finanzielles Limit beachten. Die deutlich höheren Anschaffungskosten im Verhältnis zum Verbrenner, sind das erste mögliche K.O.- Kriterium.  Auch die Reichweite von Elektrofahrzeugen wird oft diskutiert. Je nach Typ erreichen die besten Fahrzeuge derzeit ungefähr

400-600Km Fahrleistung ohne Ladevorgang. Andere erreichen derzeit “nur“ eine Distanz von 200 Km. Im Anschluss muss dann schnell mal, je nach Hersteller, acht Stunden am Hausstrom geladen werden.

Es gibt aber auch so genannte Schnellladestationen. Diese sind jedoch nicht Jederorts verfügbar und zudem kostenpflichtig. Sie merken schon: haben Sie keinen eigenen Parkplatz mit Stromanschluss, ist so ein Fahrzeug nicht alltagstauglich für Sie.

## 3.4.4 Hybridfahrzeuge (HEV) und Plug-In Hybridfahrzeuge (PHEV)

Eine weitere Möglichkeit ist der Hybrid. Auch dieser findet in Deutschland immer mehr Zustimmung. Er kombiniert die Vorteile aus Elektro- und Verbrennungsmotoren. Ein Hybridantrieb ist die Kombination von mehreren unterschiedlichen Antriebsarten in einem Fahrzeug. In den meisten Fällen sind ein Elektromotor und ein Verbrennungsmotor verbaut. Die offizielle Bezeichnung für ein solches Fahrzeug lautet

Hybridelektrofahrzeug, kurz HEV aus dem Englischen hybrid electric vehicle. Bei einem Plug-In-Hybriden kann die Batterie zusätzlich noch durch eine externe Stromquelle, vom häuslichen Stromnetz, aufgeladen werden.

Sie können so rein elektrisch oder auch auf konventioneller Art unterwegs sein. Auch hier werden derzeit noch deutlich höhere Kaufpreise verlangt. Im Elektromobilitätsgesetz (EmoG), das im Juni 2015 in Kraft trat, werden Elektro- und Hybridautos aber Sonderrechte eingeräumt.

Dazu zählen unter anderem reduzierte Parkgebühren, bevorzugte Behandlung bei Zufahrtsbeschränkungen, die gegen Lärm und Abgase eingerichtet wurden und eigene Parkplätze mit Lademöglichkeiten im öffentlichen Raum. Im Straßenverkehr nehmen wir diese Fahrzeuge kaum war, da diese sich optisch nicht wirklich vom altbekannten Verbrenner unterscheiden. Am besten erkennen können Sie so ein Elektrofahrzeug am Kennzeichen.

Für bestimmte Fahrzeuge gibt es ein Sonderkennzeichen mit einem "E" am Ende.

Sowohl Elektro- als auch Hybridfahrzeuge können ein solches Kennzeichen bekommen. Dazu muss der CO2-Ausstoß unter 50 g/km liegen oder die Reichweite mit Elektroantrieb mindestens 40km betragen.

# 4.

# Zustandsbeurteilung

*"Frauen tun für ihr Äußeres Dinge, für die jeder Gebrauchtwagenhändler ins Gefängnis kommt."*

*Nick Nolte, Schauspieler*

Kommen wir zum Herzstück dieses Buches. Im folgenden Kapitel gebe ich Ihnen Tipps und Hinweise, die Sie bei der Begutachtung eines Fahrzeugs beachten sollten. Nachdem Sie jetzt wissen, welches Fahrzeug mit welchem Motor für Sie in Frage kommt und wo Sie es finden können, können Sie sich das erste Fahrzeug vor Ort ansehen.

Für die Begutachtung eines Fahrzeuges sind drei Punkte am wichtigsten.

Der Reihenfolge nach sind das:

1. **Informationen zum Fahrzeug einholen**
2. **Optik**
3. **Technik**

Mein Tipp für Sie: haben Sie immer eine Checkliste zur Hand. Diese ermöglicht Ihnen eine lückenlose Überprüfung des gesamten Fahrzeugs. Am Ende dieses Kapitels habe ich so eine Checkliste hinterlegt, die Sie zur Hilfe nehmen sollten.

## 4.1 Die Vorbereitung

Lassen Sie sich vorab die KBA Nummer und das Baujahr des Fahrzeugs von dem Verkäufer geben. Diese Kraftfahrt-Bundesamt Nummer benötigen Sie für zwei wichtige Dinge.

**Erstens:** Sie können mittels der KBA bei einem Versicherer die Kosten der Versicherung anfragen. Dazu kommen wir aber in einem späteren Kapitel.

**Zweitens:** Für Sie sind die im Fahrzeugschein und -brief stehenden Kennzahlen sehr wichtig, um bei einer Autowerkstatt die Servicedaten erfragen zu können. Fragen Sie in einer Werkstatt nach den Wechselintervallen zu Ihrem Wunschfahrzeug. Diese Information ist meist kostenlos und mit keinem zusätzlichen Aufwand für die Werkstatt verbunden.

Mit diesen Daten können Sie von zu Hause aus schon überprüfen ob das Fahrzeug z.B. einen Zahnriemen hat und ob dieser in nächster Zeit erneuert werden muss. In den Servicedaten steht z.B.: *„Zahnriemenwechsel alle 120.000Km oder alle 10 Jahre. (was zuerst eintritt)"* Wenn das Fahrzeug laut Verkäufer jetzt 9 Jahre alt ist und 100.000Km Fahrleistung hat, wissen Sie sofort, wenn der Zahnriemen noch nicht erneuert wurde, dass der Wechsel nächstes Jahr oder in 20.000Km durchgeführt werden muss.

Der Satz *„was zuerst eintritt"* bedeutet, dass der Wechsel von zwei Faktoren abhängt. Zeit und Laufleistung. Ein Fahrzeug, das viel gefahren wurde, erreicht ein Wechselintervall anhand der Kilometer.

Wurde es hingegen wenig gefahren, ist oftmals das Alter entscheidend. Bedenken Sie auch, dass bei 240.000Km und einem Alter von 20 Jahren dieser Zahnriemen erneut gewechselt werden müsste. Nehmen Sie diesen Wechsel nicht auf die leichte Schulter. Ein Riss des Zahnriemens hat meist einen Motorschaden zur Folge.

Nicht alle Fahrzeuge haben einen Zahnriemen für die Motorsteuerung. Andere Varianten sind die Steuerkette oder das Stirnrad. Diese sind jedoch meist wartungsfrei und haben kein Wechselintervall. Ein Zahnriemenwechsel, der oft in Kombination mit der Kühlwasserpumpe durchgeführt wird, kann schnell 500€–1.000€ je nach Fahrzeug kosten. Die Wechselintervalle der Wartungsteile finden Sie auch in den Servicedaten.

**Ein kleines Beispiel:**

- Motoröl und Filterwechsel jährlich spätestens alle 20.000Km (was zuerst eintritt)
- Zündkerzen alle 60.000Km oder 3 Jahre (was zuerst eintritt)

- Luftfilter alle 80.000Km oder 4 Jahre (was zuerst eintritt)
- Kraftstofffilter alle 60.000Km
- Innenraumfilter jährlich
- Bremsflüssigkeit alle 2 Jahre
- Getriebeölwechsel alle 3 Jahre oder 60.000Km (was zuerst eintritt)

Nach diesem Schema stehen alle erforderlichen Wartungsteile aufgeführt. Nehmen Sie diese mit zur Besichtigung um vor Ort alles mit dem Serviceheft, in dem alle durchgeführten Wartungen eingetragen sind, abzugleichen. Anhand von Rechnungen des Vorbesitzers können Sie zudem nachzusehen ob bestimmte Filter oder Riemen erneuert werden müssen.

Hat der Verkäufer keine Unterlagen zur Hand oder ist nichts notiert, haben Sie einerseits eine gute Verhandlungsgrundlage geschaffen, sollten aber auch Rückschlüsse auf die Pflege des Fahrzeugs ziehen. Nicht durchgeführte Ölwechsel oder Inspektionen, können dem Motor langfristig Schäden zufügen.

## 4.2 Die Besichtigung

Es ist soweit. Sie stehen vor Ihrem potenziellen zukünftigen Fahrzeug. Euphorie kommt auf und Sie sind nicht zu 100 % konzentriert. Dadurch kann es passieren, dass Ihnen grobe Mängel nicht auffallen.

Deshalb gehen wir jetzt systematisch auf alle Prüfungen ein, um optische und technische Mängel erkennen und bewerten zu können. Ich werde dies sehr einfach halten und anhand von 17 Punkten erklären.

Fangen wir an:

**Punkt 1**

Vergleichen Sie die Fahrgestellnummer des Fahrzeugs mit der Fahrgestellnummer im Fahrzeugschein. Diese ist meistens auf der Fahrerseite in der Windschutzscheibe oder auf der Beifahrerseite unter der Fußmatte zu finden.

**Punkt 2**

Fragen Sie den Verkäufer nach dem aktuellen Bericht der Hauptuntersuchung. Diese sollte bei einem Fahrzeug, dass Sie kaufen möchten immer neu durchgeführt worden sein.

> **Hinweis:** In dem Bericht sollte sinngemäß folgendes stehen: *"Fahrzeug ohne erkennbare Mängel. Nächste Hauptuntersuchung in 2 Jahren."* Finden sich in diesem Bericht hingegen Mängel oder Hinweise, so bitten Sie den Verkäufer, die Mängel vor dem etwaigen Kauf zu beheben und dies durch den Prüfer der Hauptuntersuchung bestätigen zu lassen.

**Punkt 3**

Fragen Sie den Verkäufer nach bekannten Mängeln und Vorschäden. Ein ehrlicher Verkäufer zeigt Ihnen alles, was optisch nicht einwandfrei ist. Darüber hinaus wird er Ihnen sagen, ob in der Vergangenheit bereits ein Unfallschaden oder ähnliches vorgelegen hat.

Ob Vorschäden ein großer Nachteil für Sie sind, hängt vom Kaufpreis ab. Liegt der Kaufpreis eines Fahrzeuges unter 2.000€, sollten Sie etwas nachsichtiger mit reparierten Vorschäden umgehen als bei einem Fahrzeug, dessen Kaufpreis bei weit über 10.000€ liegt. Der Schaden sollte in jedem Fall optisch nicht mehr zu erkennen sein. Im Idealfall hat der Verkäufer noch einen Nachweis von einer fachgerechten Instandsetzung vorliegen.

Wenn Sie sich nicht sicher sind, ziehen Sie einen Fachmann hinzu oder lassen Sie im Zweifel die Finger von diesem Fahrzeug.

**Punkt 4**

Schauen Sie sich das Serviceheft an. Wurden die Wartungen regelmäßig durchgeführt? Steht aktuell eine Wartung an? Diese Fragen können Sie anhand Ihrer vorab eingeholten Informationen zu dem Fahrzeug sofort prüfen.

**Punkt 5**

Prüfen Sie die Anzahl der Fahrzeugschlüssel und testen Sie sowohl die Funktionen der Fernbedienung als auch das ordnungsgemäße Benutzen von Tür- und Zündschloss.

**Punkt 6**

Kontrollieren Sie Türen, Kofferraum, Fensterheber und das Schiebedach auf einwandfreie Funktion.

**Punkt 7**

Schalten Sie das Radio/Navigationssystem ein und prüfen Sie den Sound und den GPS Empfang. Schalten Sie auch die Innenraumlüftung und die Klimaanlage ein und testen Sie die einzelnen Belüftungsstufen und die Kühlleistung.

**Punkt 8**

Starten Sie im Anschluss das Fahrzeug. Es sollte umgehend anspringen und zudem sollten keine ungewöhnlichen Geräusche zu hören sein.

**Punkt 9**

Während das Fahrzeug läuft, schließen Sie alle Türen und betrachten den Tacho. Es dürfen keine Meldungen oder Kontrolllampen im Display aufleuchten. Siehe Abbildung auf der folgenden Seite.

**Punkt 10**

Untersuchen Sie die Windschutzscheibe auf Risse und Steinschläge. Ist ein Steinschlag oder Riss in der Scheibe, müssen diese vor dem Kauf unbedingt instandgesetzt werden. Alternativ kann die Scheibe ausgetauscht werden. Überprüfen Sie außerdem die einwandfreie Funktion der Scheibenwaschanlage.

**Punkt 11**

Prüfen Sie den Innenraum auf offensichtliche Beschädigungen. Besonderes Augenmerk sollten Sie auf die Armaturen und Sitze legen. Achten Sie auf Brüche an Verkleidungsteilen und starke Verschmutzungen an den Sitzen.

**Punkt 12**

Nun gehen wir auf die Optik des Fahrzeugs ein. Starten Sie Ihren Rundgang an der Fahrertür und gehen dann systematisch um das Fahrzeug herum. Begutachten Sie jeden Zentimeter der Karosserie. Dabei sollten Sie sich die Karosse von außen und auch die Innenseiten der Türen ansehen. Legen Sie Ihr Augenmerk besonders auf Lackkratzer und Rost. Kratzer im Lack sind immer eine gute Verhandlungsgrundlage für einen Preisnachlass. Rost hingegen ist ein K.O.-Kriterium, dass nicht zu vernachlässigen ist.

**Punkt 13**

Öffnen Sie die Motorhaube. Schauen Sie sich den Motorraum an und achten Sie auf austretende Flüssigkeiten oder Öle. Glänzt der Motorraum und ist kein bißchen Staub zu sehen, wurde offensichtlich eine Motorreinigung durchgeführt. Unehrliche Verkäufer könnten das machen, um Undichtigkeiten zu verschleiern. Ist Öl zu erkennen, jedoch eher oberflächlich und ohne dass es herunter tropft, ist aber alles im grünen Bereich. Achten Sie zudem darauf, ob im HU-Bericht etwas über

Undichtigkeiten am Fahrzeug vermerkt ist.

**Punkt 14**

Schauen Sie sich auch alle anderen Behälter mit Flüssigkeiten im Motorraum an. An jedem Behälter ist eine Minimalanzeige, die in keinem Fall unterschritten sein sollte. Jede Flüssigkeit sollte außerdem frei von Dreck sein.

**Punkt 15**

Schauen Sie sich als nächstes die Reifen an. Dabei ist grundsätzlich auf zwei Dinge zu achten. Ist das Reifenprofil aller vier Reifen noch über den gesetzlich vorgeschriebenen 1,6 mm Tiefe? Das können Sie ganz einfach anhand der vorhandenen Indikatoren oder „Huckel" in den Rillen der Reifen bewerten.

Diese sind genau 1,6 mm hoch. Ist das Profil soweit abgefahren, dass diese Indikatoren erreicht werden, sollten die Reifen dringend ausgetauscht werden. Generell kann man sagen, dass Reifen ab einer Profiltiefe unter 3 mm ausgetauscht werden sollten. Prüfen Sie jeden Reifen auch auf Altersrisse.

Sieht man an der Seite oder auf der Lauffläche kleine Risse, so hat der Reifen ein Alter erreicht, in dem er ebenfalls auszutauschen ist.

**Beispiel des Verschleißindikators:**

**Punkt 16**

Ich empfehle Ihnen dringend eine Probefahrt zu machen. Bevor Sie diese durchführen, sollten Sie aber unbedingt den Versicherungsschutz klären. Es wäre ungünstig, wenn Sie unterwegs einen Unfall verursachen. Und das mit einem Fahrzeug, welches Ihnen nicht gehört. Klären Sie deshalb genau ab, ob eine Versicherung existiert (Haftpflicht- und Kaskoversicherung), die im unwahrscheinlichen aber möglichen Schadenfall greifen würde.

Bei der Probefahrt des Wagens bekommen Sie den besten Eindruck und können entscheiden, ob das Fahrzeug für Sie in Frage kommt. Achten Sie auf guten Sitzkomfort und eine gute Übersicht. Hören Sie während der Fahrt auf Geräusche, wie Klappern, Quietschen oder Zischen.

Auch beim Beschleunigen oder Bremsen dürfen keine ungewöhnlichen Geräusche entstehen. Die Schaltvorgänge müssen sauber durchgeführt werden können. Achten Sie auch auf ein einwandfreies Beschleunigen und Schalten des Fahrzeugs.

Falls Sie deutlich wahrnehmen, dass etwas nicht richtig ist, sollten Sie dies vor dem Kauf unbedingt von einem Fachmann überprüfen lassen. Fahren Sie viele Kurven und wenden Sie mit dem Fahrzeug, um auch die Lenkung auf Leichtigkeit zu prüfen.

**Punkt 17**

Vergleichen Sie abschließend den optischen Zustand des Innenraumes mit der angegebenen Fahrleistung (Alter, Km-Stand). Leider kommt es immer häufiger vor, dass der tatsächlich gefahrene Km-Stand nicht dem entspricht, der auf dem Tacho abgebildet ist.

Hat das Fahrzeug laut Tacho z.B. 50.000Km gelaufen, aber das Lenkrad ist komplett abgenutzt und der Sitz ist durch gesessen, dann können Sie sich sehr sicher sein, dass am Tacho „gedreht" wurde. Damit meint der Fachmann, dass der Kilometerstand nach unten manipuliert worden ist.

Eine zweite geeignete Überprüfungsart ist, den Km-Stand mit dem Serviceheft abzugleichen. Beide müssen in Relation zu einander stehen.

Auf der folgenden Seite habe ich alle genannten Punkte in einer Checkliste zusammengefasst. Diese Checkliste sollte bei keinem Ihrer zukünftigen Autokäufe fehlen.

# 4.2.1 Checkliste zur Fahrzeugbewertung

CHECKLISTE ZUR FAHRZEUGBEWERTUNG

| | |
|---|---|
| Fahrgestellnummer | Fahrgestellnummer am Fahrzeug, stimmt mit der in den Papieren überein |
| Hauptubtersuchung | Hauptuntersuchung ohne Mängel und Hinweise für 2 Jahre |
| Vorschäden | Den Verkäufer nach möglichen Vorschäden fragen |
| Wartungshistorie | Serviceheft ist vollständig ausgefüllt |
| Schlüssel | Mindestens 2 Fahrzeugschlüssel |
| Türen,Zentralverriegelung, Fensterheber | Auf Leichtigkeit und Funktion Prüfen |
| Infotainment | Radio,Navigation und Innenraumlüftung prüfen |
| Motorstart | Auf zügiges und geräuschneutrales anspringen achten |
| Kontrollleuchten und Meldungen | Bei laufendem Motor auf Fehlermeldungen oder nicht erloschene Leuchten achten |
| Innenraum und Glas | Auf Beschädigungen der Amateuren., Sitze und der Windschutzscheibe achten. Scheibenwaschanlage auf Funktion prüfen. |
| Rost und Lackschäden | Türen sowie Karosse auf Dellen Rost oder Kratzer Prüfen |
| Motorraum | Auf Öl Undichtigkeiten und offensichtliche Beschädigungen prüfen |
| Flüssigkeiten | Alle Behälter im Motorraum auf Flüssigkeitsstand und saubere Flüssigkeiten prüfen |
| Reifen | Auf Profiltiefe (>3mm) und Altersrisse achten |
| Probefahrt | Auf Geräusche und Vibrationen achten. |
| Bremsen | Auf Geräusche und Funktion achten |
| Getriebe | Auf saubere Schaltvorgänge achten |
| Lenkung | Auf leichtgängiges drehen des Lenkrades prüfen |
| Relation | Fahrzeugzustand im Verhältnis zum Alter und der Laufleistung |
| Dokumente | Wichtige Dokumente auf vollständig prüfen. (Schein, Brief, HU) |

## 4.3 Die Verhandlung

Haben Sie sich dazu entschieden ein Fahrzeug zu kaufen, dann können Sie den Kaufpreis, mit einigen geschickten Verhandlungstricks, vielleicht noch ein wenig drücken. In letzter Zeit ist mir allerdings aufgefallen, dass die gewerblichen Verkäufer vermehrt an Ihrem erstgenannten Preis festhalten. Dies liegt meiner Einschätzung nach wohl an mehreren Faktoren.

Verkäufer arbeiten in den meisten Fällen auf Provisionsbasis. Für jeden Rabatt den Sie Ihnen gewähren, sinkt ihr Anteil an dem Umsatz und damit das Gehalt. Des weiteren kann diese harte Preisführung aber auch an der aktuellen Marktsituation liegen. Aktuell herrscht eine rege Nachfrage nach jungen Gebrauchtwagen. Daher können sich die Verkäufer sicher sein, dass der nächste oder übernächste Kunde den Preis bezahlen wird.

Im Privatverkauf ist die Preisverhandlung definitiv lockerer. Hier sind mit etwas Geschick immer noch 10% Nachlass auf den Kaufpreis zu erzielen.

Personen, die ihren Wagen verkaufen möchten, tun dies nicht aus einer Laune heraus. Sie haben Gründe dafür, dass der Wagen verkauft werden soll. Am besten schnellstmöglich.

## „Besser heute als morgen“

ist hier oftmals die Devise. Dazu kommt, dass Privatpersonen in den allermeisten Fällen keine geschulten Verkäufer sind und sich leichter in einer Verhandlung „besiegen“ lassen.

Achten Sie auf folgende Regeln bei der Preisverhandlung, um einen günstigen Kurs zu erzielen.

Überprüfen Sie, wie lange das Fahrzeug schon bei einem Händler oder auf einer der bereits genannten Onlineplattformen zum Kauf angeboten wird. Bei einem Ladenhüter steigen Ihre Chancen auf einen Nachlass, da die Nachfrage eher gering ist.

Vergleichen Sie dieses Angebot online mit vergleichbaren Fahrzeugen in Ihrer Region, um einen fairen Marktwert für das Fahrzeug zu ermitteln. Egal, wie sehr Sie dieses Fahrzeug kaufen möchten, zeigen Sie dies niemals gegenüber dem Verkäufer. Wenn Sie den fairen Wert des Autos ermittelt haben, dann sollten Sie dem Verkäufer einen Betrag nennen, der unter dem von Ihnen ermittelten durchschnittlichen Preis vergleichbarer Fahrzeuge liegt. Aber bitte beachten Sie: wenn Sie an dieser Stelle unverschämt werden und viel zu tief ansetzen, dann verärgern Sie den Verkäufer und die Verhandlung ist schnell zu Ende. Der Preis, den Sie aber auf jeden Fall nennen können, sollte maximal 15-20% unter dem von dem Verkäufer genannten Verkaufspreis liegen.

Weisen Sie den Verkäufer ggf. auf deutlich bessere Angebote im Umkreis hin und erklären Sie Ihm, dass Sie bei Ihm ein gutes Gefühl haben und gerne mit ihm dieses Geschäft abschließen möchten.

Anhand meiner Checkliste können Sie dem Verkäufer die Mängel aufzeigen und ihn bitten, diese Mängel zu beheben. Bei optischen Fehlern können Sie einen Preisnachlass fordern.

Wenn Sie das Auto direkt in bar bezahlen wollen, dann sollten Sie diesen Umstand dringend schon vorher erwähnen. Eine unkomplizierte

Kaufabwicklung mit schnellem Geldtransfer, wird bei einem privaten Autoverkäufer immer einen besseren Kaufpreis erzielen. Bei gewerblichen Händlern muss dies nicht zwingend zutreffen. Denn Händler verdienen unter anderem auch an der Vermittlung einer Finanzierung.

Nachdem Sie Ihren Preis genannt haben, wird der Verkäufer Ihnen ein Gegenangebot nennen. Bei gewerblichen Händlern können Sie jetzt nur noch versuchen Zusatzleistungen auszuhandeln. Das sind z.B. die Übernahme der Zulassungskosten, neue Fußmatten, neue Winterräder oder eine gratis Wartung. Beraten Sie sich vor Kauf mit einem Freund oder Familienmitglied über die Konditionen. Sind Sie zufrieden? Dann Herzlichen Glückwunsch! Sind Sie es nicht? Dann sehen Sie es als Lerneffekt, um beim nächsten Mal noch besser zu sein.

Der Nächste Wagen kommt garantiert.

# 5. Bezahlung

*"Ich habe mein ganzes Geld für Alkohol, Weiber und schnelle Autos ausgegeben, den Rest habe ich einfach verprasst."*

*George Best, Fussballer*

Bei Gebrauchtwagengeschäften von Privatpersonen untereinander, gibt es meistens nur die Möglichkeit einer Barzahlung oder einer Vorabüberweisung. Hier lauern große Risiken, die Sie unbedingt beachten sollten. Sie kennen Ihren Gegenüber nicht und Sie können sich nie sicher sein, ob dieser ehrlich agiert. Somit ist es sehr wichtig, niemals allein zu einer Geldübergabe zu fahren. Nehmen Sie immer jemanden mit, der im Notfall als Zeuge fungieren kann. Meiden Sie außerdem merkwürdige Übergabeorte. Sie wären nicht der erste Käufer, der mit einem vierstelligen Geldbetrag in der Tasche zu einem Rastplatz gelockt und dann überfallen wird.

Kommt Ihnen der Verkäufer oder die Gesamtsituation merkwürdig vor, so brechen Sie die Übergabe umgehend ab. Lassen Sie sich immer den Personalausweis des Verkäufers zeigen und bestehen Sie immer zwingend darauf, dass diese Daten in den Kaufvertrag eingetragen werden.

Falls Sie Ihr Fahrzeug bei einem gewerblichen Händler kaufen, ist die ganze Situation natürlich deutlich entspannter. Außer der Barzahlung haben Sie hier noch die Möglichkeit, Ihren Wagen zu finanzieren. Die Kreditabteilung des Autohauses oder Ihre Hausbank können Ihnen Angebote vorlegen.

## 5.1 Inzahlungnahme

Möchten Sie Ihren Altwagen bei dem Kauf eines anderen Fahrzeugs in Zahlung geben, dann geht dies natürlich nur beim Händler. Dieser verkauft natürlich lieber Autos, als welche anzukaufen. Daher haben Sie immer bessere Karten auf den günstigsten Preis, wenn Sie keine Gegenleistung verlangen.

Eine einfachere Möglichkeit um Ihr altes Fahrzeug abzugeben und nicht auf dem Kapital sitzen zu bleiben, gibt es jedoch nicht. Der Autohändler Ihr Fahrzeug anhand einer so genannten "Schwacke-Liste" bewerten. Diese gibt Aufschluss über den Marktwert des Fahrzeugs. Zusätzlich wird ein Mitarbeiter einen kurzen Check des Fahrzeugs vollziehen, um den aktuellen Zustand zu ermitteln. Der Wert Ihres „Alten" wird jedoch immer unter dem Wert liegen, den Sie bei einem Privatverkauf erzielen könnten. Das liegt an der einfachen Tatsache, dass der Verkäufer an diesem Geschäft einen kleinen Gewinn machen möchte und eine Gewährleistung bei Wiederverkauf geben muss.

Es bleibt Ihnen überlassen, ob Sie sich selbst als Verkäufer auf den gängigen Onlineplattformen versuchen oder den einfachen weg über einen Händler gehen wollen. Genügend Wissen, worauf die potenziellen Käufer achten haben Sie ja jetzt.

## 5.2 Barzahlung, Finanzierung und Leasing

Mehr als die Hälfte der neu zugelassenen PKW werden heute nicht mehr in bar bezahlt. Auch bei Gebrauchtwagen ist eine zunehmende Steigerung der Finanzierungen gegenüber den Barzahlungen zu erkennen. Doch was ist das genau? Wenn Sie ein Fahrzeug erwerben und es sofort vor Ort bezahlen, bezeichnet man dieses Vorgehen als eine **Barzahlung**. Auch eine Überweisung der vereinbarten Summe wird als Barzahlung bezeichnet.

**Vorteil:** Der Barzahler hat den Vorteil, dass er bei einem Kauf die wenigsten Verträge abschließen muss. Nachdem der Kaufvertrag unterzeichnet wurde, muss nur noch das Geld übergeben werden und das Fahrzeug wechselt den Eigentümer.

**Nachteil:** Der gesamte Betrag muss auf einmal gezahlt werden, was eine hohe punktuelle Kostenbelastung bedeutet.

Als **Finanzierung** bezeichnet man einen Kredit von einer Bank, die Ihnen gegen bestimmte Konditionen, das notwendige Geld für den Fahrzeugkauf leiht.

**Vorteil:** Konstante monatliche Kostenbelastung und sofortiges Eigentum an dem Fahrzeug.

**Nachteil:** Insgesamt höhere Kostenbelastung als bei der Barzahlung, durch Zinszahlungen an die Bank. Bei vorzeitiger Veräußerung des Fahrzeugs muss der Kredit trotzdem weiter abbezahlt werden.

Bei der Finanzierung gibt es verschiedene Modelle. Ein Modell ist die sog. **"3-Wege-Finanzierung".** Ob Sie eine Anzahlung leisten oder nicht, ist Ihnen überlassen. Wie bei einem Kredit, werden monatliche Raten für das Fahrzeug fällig. So kann eine Ratenzahlung über einen Teilbetrag des Kaufpreises für einen Zeitraum von z.B. fünf Jahren vereinbart werden. Am Ende der fünf Jahre können Sie dann selber entscheiden, was mit der noch offenen Restsumme des Kaufpreises geschieht. Behalten Sie das Fahrzeug, so wird die Restsumme sofort fällig. Diese können Sie entweder in bar zahlen oder über einen erneuten Ratenkredit abbezahlen. Die dritte Variante wäre, dass Sie Ihr Fahrzeug, ähnlich wie beim Leasing, an das Autohaus zurückgeben.

**Vorteil:** Konstante monatliche Kostenbelastung und Entscheidungsgewalt, was im Anschluss mit dem Fahrzeug geschieht.

**Nachteil:** Insgesamt höhere Kostenbelastung als bei der Barzahlung. (Zinszahlungen an die Finanzierungsgeber) Eine Abschlusszahlung muss unter Umständen geleistet werden.

In der nachfolgenden Tabelle habe ich Ihnen beispielhaft aufgelistet, welche Gesamtkosten bei den verschiedenen Zahlungsmöglichkeiten entstehen können. Bei einem Kaufpreis von z.B. 18.000€ kommen je nach Zahlungsart unterschiedliche Gesamtkosten zum Vorschein.

**Beispielhafter Vergleich der verschiedenen Zahlungsmöglichkeiten bei einem Autokauf.** (Vereinfachte Rechnung)

| | Barzahlung | Kredit ohne Anzahlung über die volle Summe | Finanzierung mit Anzahlung |
|---|---|---|---|
| Kaufpreis | 18000,00 € | 18000,00 € | 18000,00 € |
| Anzahlung | 0,00 € | 0,00 € | 9000,00 € |
| Finanzierungsbetrag bei 4% Verzinsung | 0,00 € | 18000,00 € | 9000,00 € |
| Restschuld nach dem 1.Jahr | - | 15720,00 € | 6360,00 € |
| Restschuld nach dem 2.Jahr | - | 13349,00 € | 3615,00 € |
| Restschuld nach dem 3.Jahr | - | 10822,00 € | 759,00 € |
| Restschuld nach dem 4.Jahr | - | 8317,00 € | - |
| Restschuld nach dem 5.Jahr | - | 5649,00 € | - |
| Restschuld nach dem 6.Jahr | - | 2874,00 € | - |
| Zinsen | - | 2989,00 € | 798,00 € |
| Gesamtkosten | 18000,00 € | 20.989,00 € | 18.789,00 € |

Sie können sehr gut erkennen, dass die Gesamtkosten bei der Barzahlung am niedrigsten sind und bei der Vollfinanzierung hingegen am höchsten.

**Bedenken Sie einfach:** je mehr Geld Sie selbst einbringen, desto günstiger wird Ihr Fahrzeug.

Zum Schluss dieses Kapitels, möchte ich Ihnen das **Leasing** vorstellen. „Leasing“ ist ein englisches Wort und vergleichbar mit dem deutschen Wort „mieten“. Beim Leasing zahlen Sie nicht für den Eigentumserhalt des Pkw, sondern für dessen Nutzung. Vergleichbar ist dieses Verfahren mit der Miete für eine Wohnung. Genau wie bei einer Mietwohnung, ist das Fahrzeug niemals Ihr Eigentum. Außerdem sind Sie bei einem Leasingvertrag immer an bestimmte Konditionen gebunden. So müssen Sie zwingend eine Vollkaskoversicherung abschließen (recht teuer). Die Wartungen dürfen Sie zudem nur in bestimmten Werkstätten durchführen lassen.

Einen Leasingvertrag werden Sie nur bei einem gewerblichen Anbieter abschließen können. In den meisten Fällen sind es ohnehin Firmen, die Leasingnehmer werden und alle Firmenwagen leasen. Bei Privatpersonen hat sich dieses Konstrukt bisher nicht durchgesetzt.

Es wird in zwei Arten des **Leasings** unterschieden. Leasing mit Kilometerabrechnung und Leasing mit Gebrauchtwagenabrechnung. Bei beiden Varianten wird das Fahrzeug nach einer festgelegten Laufzeit (z.B. 3 Jahre) an den Leasinggeber zurückgegeben.

Bei der Leasingvariante mit Kilometerabrechnung, wird zu Vertragsbeginn eine bestimmte Kilometerleistung festgelegt. Das Fahrzeug müssen Sie erst dann zurückgeben, wenn dieser Kilometerstand erreicht wurde. Bitte beachten Sie: überschreiten Sie diesen Wert, so zahlen Sie bei der Rückgabe eine Pauschale für jeden mehr gefahrenen Kilometer. Andersherum bekommen Sie diese Pauschale erstattet, wenn Sie weniger gefahren sind. Außerdem wird bei dieser Art Leasingvertrag im Vorfeld ein zu erzielender Gebrauchtwagenpreis ermittelt, der bei Rückgabe des Fahrzeugs erreicht werden muss.

Der tatsächliche Verkaufserlös wird dann diesem vertraglich zu erzielendem Erlös, gegenübergestellt. Falls hier eine Differenz besteht, ist der Fehlbetrag von Ihnen zu tragen. Bei dieser Variante gilt besondere Vorsicht. Wenn der Wiederverkaufswert zu hoch angesetzt wurde, weil Sie z.B. deutlich mehr Kilometer gefahren sind, werden Sie das nachträglich zur Kasse gebeten.

**Vorteil:** Konstante, niedrige monatliche Kostenbelastung. Sie zahlen ausschließlich für die Nutzung.

**Nachteil:** Sie erwerben kein Eigentum. Nach Ablauf der Laufzeit, sollte der Kilometerstand je nach Leasingart, **nicht** von der vereinbarten Kilometerleistung oder dem aktuell zu erzielenden Gebrauchtwagenwert abweichen.

## 5.3 Der Kaufvertrag

Der Kaufvertrag ist einer der wichtigsten Bestandteile eines Autokaufs. Vor einigen Jahren war es noch gängig, den Kauf per Handschlag abzuschließen. Jedoch ist ein schriftlicher Kaufvertrag für beide Seiten die sinnvollere, weil sicherere Variante des Autokaufs. Automobilclubs oder Fahrzeugsuchmaschinen bieten den Download von kostenlosen Muster-Kfz-Kaufverträgen an. Es gilt nur zu unterscheiden, ob der Kaufvertrag ausschließlich zwischen zwei Privatpersonen geschlossen werden soll oder ob eine der beiden Parteien ein gewerblicher Händler oder Käufer ist.

**Mein Tipp:**

Unterschreiben Sie nie zu früh den Kaufvertrag. Lesen Sie sorgfältig auch das Kleingedruckte und beachten Sie, dass bei gebrauchten Fahrzeugen alle Mängel und mündliche Nebenabsprachen aufgelistet sein sollten. Achten Sie bei Neuwagen besonders darauf, dass alle Ausstattungen korrekt aufgelistet sind. Nicht, dass Ihr Auto hinterher keine Klimaanlage hat, nur weil dieses Detail nicht extra in dem Kaufvertrag aufgeführt worden ist.

Ich spreche aus Erfahrung, wenn ich Ihnen sage, dass solche Fehler schon oft vorgekommen sind. Schließen Sie einen Kaufvertrag mit einem gewerblichen Verkäufer, z.B. mit einem Autohaus, dann sollten Sie darauf achten, dass ausdrücklich auf die Sachmängelhaftung (vgl. Kapitel 2) hingewiesen wird. Abschließend möchte ich die wichtigsten Punkte eines Kaufvertrags noch einmal mit Ihnen durchgehen.

**Punkt 1**

Name, Anschrift und Personalausweis beider Parteien. Wichtig zur Identifizierung beider Vertragsparteien.

**Punkt 2**

Merkmale des Fahrzeugs. Wichtig zur einwandfreien Identifizierung des Fahrzeugs (Marke, Modell, Fahrgestellnummer und Erstzulassung).

**Punkt 3**

Gewährleistungsansprüche. Ausschluss bei Privatverkauf, gilt nicht für vorsätzlich verschwiegene Mängel und daraus resultierende Folgen.

**Punkt 4**

Zusicherungen des Verkäufers. Der Verkäufer sichert Ihnen zu, dass keine Manipulationen oder Schäden am Fahrzeug vorhanden sind und er darüber hinaus berechtigt ist, dieses Fahrzeug zu verkaufen. (Eigentum, Unfallfrei, Beschädigungen, Originalmotor, Km-Laufleistung)

**Punkt 5**

Zubehör des Fahrzeugs. Sonderausstattungen, die zum Fahrzeug gehören aber nicht vom Werk montiert waren. (Radio, Anhängerkupplung, Winterreifen)

**Punkt 6**

Erklärung des Verkäufers. Anzahl der Vorbesitzer, gewerblich genutzt oder Importwagen.

**Punkt 7**

Ummeldung des Fahrzeugs. Der Käufer verpflichtet sich den Wagen innerhalb einer Frist umzumelden.

**Punkt 8**

Eigentumsvorbehalt. Das Fahrzeug bleibt bis zur vollständigen Bezahlung Eigentum des Verkäufers.

**Punkt 9**

Kfz-Unterlagen. Wichtige Unterlagen, die das Eigentum bestätigen sowie benötigt werden um das Fahrzeug zulassen zu können. 1. Der Fahrzeugschein (Zulassungsbescheinigung Teil 1) und 2. Der Fahrzeugbrief (Zulassungsbescheinigung Teil 2)

**Punkt 10**

Stilllegungsbescheinigung. (nur bei abgemeldetem Kfz. Ist häufig hinten auf dem Fahrzeugschein notiert.)

**Punkt 11**

Untersuchungsbericht der Hauptuntersuchung nach §29 StVZO. Fahrzeug mit Schlüsseln und deren Anzahl.

**Punkt 12**

Bezahlung. Bestätigung, dass die Zahlung vollzogen wurde, mit Summe und Zahlungsart sowie Ort, Datum und Unterschriften der beiden Parteien.

**Punkt 13**

Übergabebestätigung. Bestätigung, dass das Fahrzeug übergeben wurde mit Ort, Datum und Unterschrift der beiden Parteien.

# 6. Versicherung

*"Die größte Gefahr im Straßenverkehr sind Autos, die schneller fahren, als ihr Fahrer denken kann."*

*Robert Lembke*

Das Fahrzeug gehört nun Ihnen und Sie sind voller Vorfreude. Leider ist heute Sonntag und die Versicherungen und Zulassungsstellen haben geschlossen. Sie können dem Verlangen aber leider nicht standhalten und machen mit einem Freund schon einmal eine kurze Fahrt, ohne Kennzeichen.

Stolz fahren Sie über die Landstraße und plötzlich springt ein Reh auf die Straße. Sie machen eine Vollbremsung und weichen reflexartig aus. Leider genau über einen Radweg, auf dem ein Radfahrer unterwegs ist. Sie erwischen den Radfahrer und ein am Rand parkendes Auto.

Bitte bedenken Sie folgendes, realistisches Szenario:

Ihr Beifahrer hat eine Platzwunde am Kopf und der Radfahrer hat sich das Bein gebrochen. Sie selbst sind glücklicherweise ohne Verletzungen aus dem Fahrzeug gestiegen. Das parkende Auto hat deutliche Schäden. Ein Krankenwagen wird bestellt und die Polizei ist vor Ort. Die beiden Fahrzeuge müssen wegen Totalschaden abgeschleppt werden.

Sie werden jetzt nicht nur wegen Fahren ohne Versicherungsschutz angezeigt, sondern auch für jeden entstandenen Schaden zur Kasse gebeten.

Wie teuer das tatsächlich werden kann, habe ich in der folgenden, durchaus realistisch gehaltenen Tabelle aufgelistet.

## 6.1 Möglicher Unfallkostenbericht

UNFALLKOSTENBERICHT

| Beschreibung | Betrag |
| --- | --- |
| Polizeieinsatz | 35,00 € |
| Krankenwagen | 450,00 € |
| Kosten Abschleppfahzeug | 600,00 € |
| Behandlung Beifahrer (Ärzte, Krankenhaus, Reha) | 3.500,00 € |
| Behandlung Radfahrer (Ärzte,Krankenhaus, Operation, Reha) | 14.000,00 € |
| Rechtsanwalt Radfahrer | 3.600,00 € |
| Kosten der Berufsunfähigkeit Radfahrer | 16.000,00 € |
| Gutachterkosten parkendes Fahrzeug | 500,00 € |
| Instandsetzungskosten parkendes Fahrzeug | 6.800,00 € |
| Straßensäuberung | 350,00 € |
| Gerichtskosten und eigener Rechtsanwalt | 4.000,00 € |
| Eigener PKW Totalschaden | 8.000,00 € |
| **Gesamtkosten** | **57.835,00 €** |

Es wird schwer genug für Sie sein diese Bilder zu verarbeiten aber es sollte nicht Ihre finanzielle Basis zerstören, weil Sie eine kleine Probefahrt gemacht haben.

**Mein Tipp:** Bewegen Sie das Fahrzeug niemals ohne Versicherungsschutz im Straßenverkehr.

Kommen wir somit zum wohl wichtigsten Kapitel des Buches. Um ein Fahrzeug im Straßenverkehr bewegen zu dürfen, müssen Sie es zwingend versichern. Ob eine reine Pflichtversicherung oder Zusatzleistungen für Sie in Frage kommen, hängt von dem Wert des Fahrzeugs für Sie ab. Ohne eine Versicherung können Sie in Deutschland keinen PKW zulassen. Wie auch bei anderen Versicherungen, gibt es unterschiedliche Umfänge, wie Sie Ihr Fahrzeug absichern können.

## 6.2 Haftpflichtversicherung

Jeder, der in Deutschland ein Fahrzeug im Straßenverkehr zulassen und fahren möchte, braucht mindestens die Kfz-Haftpflichtversicherung, was die Kleinste, der möglichen Versicherungsalternativen darstellt. Die gesetzlich vorgeschriebene Kfz-Haftpflichtversicherung deckt Personen-, Sach- und Vermögensschäden ab, die Sie anderen im Straßenverkehr zufügen könnten. Wenn Sie also einen Unfall verschulden (siehe Beispiel), deckt diese Versicherung alle Ansprüche des Unfallgegners ab.

Dies ist sehr sinnvoll, denn bei einem solchen Unfall entstehen nicht nur die Reparaturkosten, sondern auch z.B. Abschleppkosten, Gutachterkosten oder Anwaltskosten. Noch teurer als Sachschäden sind die möglichen Personenschäden, die entstehen können. Diese können schnell in Millionenhöhe gehen.

Auch Ihre Beifahrer werden durch diese Versicherung geschützt. Eine Kfz-Haftpflichtversicherung deckt aber nur die Schäden gegenüber Dritten ab. Das bedeutet, dass alle Schäden die Sie Ihrem Fahrzeug im Straßenverkehr selber zufügen, nicht abgesichert sind.

Um auch eigene Schäden abzusichern, gibt es die so genannte Kaskoversicherung, die wir uns auf den folgenden Seiten genauer ansehen werden.

## 6.3 Kaskoversicherung

Die Kaskoversicherung gliedert sich in zwei Bereiche. Zusätzlich zur Kfz-Haftpflichtversicherung können Sie eine Teil- oder eine Vollkaskoversicherung abschließen.

Die **Teilkaskoversicherung** deckt folgende Schäden ab:

- Diebstahl des Fahrzeugs
- Schäden durch Brand, Sturm, Hagel, Blitzeinschlag und Überschwemmungen
- Schäden durch Zusammenstoß mit Haarwild
- Glasbruch
- Eigene Gesundheitsschäden bei selbstverschuldeten Unfällen

Die **Vollkaskoversicherung** deckt zusätzlich noch die Schäden ab, die an Ihrem eigenen Fahrzeug bei einem selbstverschuldeten Unfall entstehen.

**Wann ist so eine Kaskoversicherung sinnvoll?**

Das kommt auf den individuellen Wert des Fahrzeugs für Sie an. Um das zu klären, genügt es schon, wenn Sie sich die folgenden Fragen stellen:

## „Was mache ich, wenn ich mein Auto in einen Graben fahre und es nicht mehr fahrbereit ist?“

## „Kann ich mir das leisten oder stehe ich dann vor einem finanziellen Ruin?“

Wenn Sie Ihr Fahrzeug aus langjährigen Ersparnissen bezahlt haben und Sie es theoretisch nicht einfach nochmal kaufen könnten oder es sogar finanziert ist, dann sollten Sie unbedingt eine Vollkaskoversicherung abschließen. Ich habe schon erlebt, wie ein Kunde seinen Wagen frisch aus der Werkstatt abgeholt hat und keine zehn Meter weiter einen Unfall verursacht hat.

Im Falle eines **Totalschadens**, hätten Sie somit schnell den kompletten Wert Ihres Fahrzeugs vernichtet und müssten dieses trotzdem noch über viele Jahre bei Ihrer Bank abbezahlen. Zusätzlich müssten Sie noch einen neuen Kredit aufnehmen, um einen neuen Wagen anzuschaffen. Bei neuen Leasingfahrzeugen ist eine solche Vollkasko sogar Pflicht.

Die Teilkaskoversicherung macht meiner Meinung nach, ab einem Fahrzeugwert von 2.000€ Sinn. Die

Teilkaskoversicherung zahlt immer nur die Kosten bis zum tatsächlichen Wert des Fahrzeugs. Bei einem Autowert von 1.000€ und einem Schaden in Höhe von 1.500€ würden Sie also nur 1.000€ erstattet bekommen. Die restlichen 500€ für die Reparatur, müssten Sie aus Ihren Ersparnissen bezahlen.

Um einen solchen Fall zu vermeiden, sollte das Fahrzeug also mindestens den Wert von 2.000€ übersteigen. Die Kosten von Steinschlägen in der Windschutzscheibe oder einem Wildunfall werden dann immer komplett übernommen. Auch bei älteren Fahrzeugen kann dies schnell in den vierstelligen Bereich gehen.

## 6.4 Kosten

Die Kosten für die verschiedenen Kfz-Versicherungen unterscheiden sich von Anbieter zu Anbieter. Einen hohen Einfluss auf die Beitragshöhe hat die so genannte **Schadensfreiheitsklasse**. Jedem Versicherten wird abhängig davon, wie viele Jahre er oder sie bereits ohne Schaden fährt, so eine SF-

Klasse zugeordnet. Bei der Kfz-Haftpflicht-versicherung startet die Schadenfreiheitsklasse bei 0 Jahren und endet bei 35 Jahren unfallfreier Fahrt. Je nachdem, wie lange Sie schon unfallfrei fahren, sinken die Kosten der Versicherung. Die SF-Klasse belohnt somit vorsichtige Fahrer.

Dieses System funktioniert aber auch anders herum. Bei Schäden, die Sie verursacht haben und die über Ihre Versicherung abgerechnet wurden, werden Sie in eine schlechtere SF-Klasse zurückgestuft. Eine genaue Auflistung der Kosten für eine Versicherung können Sie sich bei einer Versicherungsagentur oder auf den gängigen Vergleichsportalen im Internet einholen.

Dafür benötigen Sie die folgenden **acht Unterlagen und Informationen:**

1. **Den Kreis in dem es zugelassen werden soll**
2. **Die Schlüsselnummern**

Die Typschlüsselnummer ist ein alphanumerischer Code, der Hersteller und Typ eines Fahrzeugs eindeutig bestimmt.

Dabei bezeichnen die ersten vier Ziffern den Hersteller (Herstellerschlüsselnummer oder HSN) und die folgenden Ziffern den Typ. Sie finden die Typschlüsselnummer in Ihrem Fahrzeugschein unter den Punkten 2.1 und 2.2. Wurde Ihr Fahrzeugschein vor dem 1. Oktober 2005 ausgestellt, finden Sie die Nummern unter den Punkten 2 und 3.

3. **Das Datum der Erstzulassung, ist zu finden im Feld “B“ des Fahrzeugscheins**
4. **Name und Alter des Fahrzeughalters**

Der Halter des Fahrzeugs ist die Person, auf die das Fahrzeug zugelassen werden soll. Der Halter kann dabei eine andere Person als der Versicherungsnehmer sein.

5. **Jährliche Laufleistung**

Je geringer die Fahrleistung, desto günstiger ist Ihr Beitrag. Dabei genügt eine ungefähre Angabe Ihrer Fahrleistung, da Sie auch bei einer Überschreitung der angegebenen Fahrleistung vollen Versicherungsschutz genießen.

### 6. Selbstbeteiligung bei Kaskoversicherung

Darüber hinaus haben Sie noch die Chance eine Selbstbeteiligung an zukünftigen Schäden anzugeben. Die meist gewählte Selbstbeteiligung bei der Vollkaskoversicherung beträgt 300€ und bei der Teilkaskoversicherung 150€. Je höher die Selbstbeteiligung, desto niedriger sind Ihre monatlichen Versicherungsbeiträge. Aber die Selbstbeteiligung müssen Sie dann im Schadenfall, immer aus eigener Tasche zahlen.

### 7. Werkstattbindung

Die Versicherer bieten Ihnen gerne eine sogenannte Werkstattbindung an. Der Versicherungsbeitrag sinkt dann zwar bis zu 20%, beachten Sie aber, dass die Versicherung im Falle eines Kaskoschaden entscheiden darf, wo Ihr Fahrzeug repariert wird.

### 8. Schutzbrief

Einige Versicherungen bieten einen Schutzbrief für Schadenfälle mit an. Dieser umfasst unter anderem die Abschleppkosten oder einen Leihwagen für die Reparaturdauer. Ob Sie diesen benötigen erfahren Sie in Kapitel 8.

# 7. Behörden und Rechtliches

*“Was klagt ihr über die vielen Steuern? Unsere Trägheit nimmt uns zweimal soviel ab, unsere Eitelkeit dreimal soviel und unsere Dummheit viermal so viel.”*

*Benjamin Franklin*

Ohne Behörden und Gesetze geht es auch beim Pkw nicht. In diesem Kapitel erläutere ich Ihnen, wie Sie Ihr Fahrzeug bei der Zulassungsstelle anmelden und welche wiederkehrenden Termine und Kosten auf Sie zukommen.

## 7.1 Hauptuntersuchung (HU)

Die gesetzlich vorgeschriebene Hauptuntersuchung, zu der Sie Ihr Fahrzeug regelmäßig vorfahren müssen, hat zum Ziel, dass Ihr Fahrzeug vorschriftsmäßig, verkehrssicher und umweltfreundlich unterwegs ist. Verwechseln Sie die Hauptuntersuchung, kurz HU, nicht mit der Inspektion. Viele meiner Kunden haben diesen Fehler schon oft gemacht.

Jeder Kfz-Mechaniker hört des öfteren Sätze, wie diesen:

„Wie kann zu wenig Öl im Motor sein? Der Wagen war vor einem Monat noch zur Untersuchung."

Hier wird ganz klassisch die Hauptuntersuchung mit der Inspektion verwechselt. Das Auto war in diesem Beispiel lediglich zur Hauptuntersuchung durch einen Sachverständigen gebracht worden. HU und Inspektion überschneiden sich zwar in gewissen Dingen, sind aber dennoch grundlegend unterschiedlich.

Die Prüforganisation z.B. TÜV, Dekra oder KÜS, um nur einige zu nennen, überprüft bei der HU lediglich die Verkehrssicherheit und den Umweltschutz. Ob der Motor auch noch in einem Monat anspringt oder ob genug Frostschutzmittel im Kühlwasser ist, spielt bei der HU keine Rolle.

Jährlich veröffentlicht der TÜV eine Mängelstatistik. Im Report 2018 wurden zu diesem Zweck mehr als zehn Millionen Untersuchungen der 225 gängigsten Pkw Modelle ausgewertet. An zwei von drei Fahrzeugen wurden keine Mängel festgestellt. An jedem dritten Fahrzeug gab es aber etwas zu beanstanden. Jeder fünfte Pkw wies allerding so gravierende Mängel auf, dass die Fahrzeuge bei der Hauptuntersuchung durchfielen.

Ein weiterer interessanter Fakt ist, dass die Mängelquote mit steigendem Alter der Fahrzeuge zunahm. Während bei den zwei- bis dreijährigen Fahrzeugen die Mängelquote mit 5,8% deutlich unter dem Durchschnitt liegt, so liegt diese bei den über elfjährigen Fahrzeugen mit 26,5% deutlich darüber.

**Die häufigsten Beanstandungen bei der Mängelstatistik 2018:**

1. Beleuchtung
2. Bremsen
3. Fahrwerk
4. Auspuffanlage
5. Ölverlust

(Quelle: www.vdtuev.de)

Doch woher wissen Sie überhaupt, wann Ihr Auto wieder zu einer Hauptuntersuchung muss? Die Antwort auf diese Frage ist sehr einfach, denn das genaue Datum der nächsten HU ist auf den Plaketten Ihrer Nummernschilder zu erkennen.

Auf den folgenden Seiten befassen wir uns anhand von zwei Beispielen mit der HU-Plakette.

**Beispiel 1: HU-Plakette klebt gerade**

Anhand der auf dem hinteren Kennzeichen klebenden HU-Plakette, erkennen Sie immer schnell, wann Ihr Fahrzeug zur nächsten Hauptuntersuchung muss. Die Plakette hat jedes Jahr eine andere von sechs möglichen Farben und ist wie eine Uhr zu lesen. In der Mitte der Plakette steht die Jahreszahl.

In meinem Beispiel habe ich dort die 21 eingetragen. Das Fahrzeug muss also im Jahr 2021 zur nächsten Untersuchung. Die Monatszahl erkennt man immer an der obenstehenden Zahl. Im Beispiel 1 muss das Fahrzeug in Monat 12, also im Dezember bei der Prüforganisation vorgestellt werden.

**Beispiel 2: HU-Plaktette klebt verdreht**

Die HU-Plakette kann aber auch verdreht aufgeklebt sein. Auf der Plakette in Beispiel 2 muss das Fahrzeug demnach im März 2021 Zur Hauptuntersuchung. Die Dunklen Balken, die immer die Zahl 12 betonen, können jetzt von weitem wie eine Uhr gelesen werden. Dieser Balken zeigt jetzt genau auf drei Uhr.

Nützlich ist dieses System vor allem für die Polizeibehörden und die Autowerkstätten. Im Jahr 2018 ist die Farbe der Plakette grün. Sehe ich in der Werkstatt ein Auto mit grüner Plakette und dem Balken auf "neun Uhr", so kann ich sofort erkennen das die HU im September 2018 hätte durchgeführt werden müssen.

Auch Die Polizei kennt dieses System und wird nicht zögern, Ihr Fahrzeug bei Überschreitung des Datums aus dem Verkehr zu ziehen. Die Konsequenz wäre ein Bußgeld.

## 7.2 Kfz-Steuern

Die Kraftfahrzeugsteuer gab es zum ersten Mal im Jahre 1899 in Hessen-Darmstadt. Damals war es eine Art Luxussteuer, denn damals konnten sich nur die reichen Personen ein Auto leisten. Im Jahr 1949 ging diese Steuer noch in die Haushalte der Bundesländer, was sich dann im Juni 2009 mit der Kfz-Steuerreform änderte. Fortan gehen alle Kfz-Steuern direkt in den Bundeshaushalt.

Die Kfz-Steuer muss von jeder Person bezahlt werden, die mit einem eigenen Kraftfahrzeug am Straßenverkehr teilnimmt. Erhoben wird diese von den Finanzbehörden. Die Steuer wird im Rahmen eines Lastschriftverfahrens alle zwölf Monate oder in Sonderfällen halb-, oder vierteljährlich im Voraus abgebucht. Wenn Sie Ihre Steuerzahlungen auf mehrere Termine im Jahr ändern wollen, dann können Sie das beantragen. Das Formular dazu finden Sie in Ihrem Autohaus oder im Internet. Als nächstes möchte ich kurz erklären, aus welchen Faktoren sich Ihr persönlicher Kfz-Steuerbetrag zusammensetzt.

Der erste Faktor ist das Datum der ersten Zulassung Ihres Fahrzeugs. Wurde Ihr Fahrzeug vor einschließlich des 30. Juni 2009 zugelassen, so ist ausschließlich die Hubraumgröße, die in ccm gemessen wird, sowie der Motortyp (Benzin/Diesel) ausschlaggebend. Dieselmotoren kosten etwas mehr als das Doppelte pro angefangene 100ccm, wie ein Benzinmotor derselben Größe.

Wurde Ihr Fahrzeug nach dem 30. Juni 2009 zugelassen, dann wird neben dem Hubraum noch der der $CO^2$- Ausstoß als zweiter Faktor hinzugezogen. Der $CO^2$- Ausstoß wird in g/Km gemessen. Je nach Datum der ersten Zulassung gibt es einer Freigrenze, die jedes Jahr sinkt. Sie zahlen am Ende für jedes Gramm $CO^2$, das Ihr Fahrzeug darüber liegt mit etwa zwei Euro pro Jahr. Um Sie jetzt nicht mit Zahlen zu überschütten, soll dies als Erläuterung ausreichen.

## Steuern senken, geht das?

Bei älteren Fahrzeugen war es möglich die Steuerklasse zu wechseln. Eine beliebte Art die Steuern zu senken, war jahrelang die Nachrüstung von Kaltlaufreglern bei Benzinmotoren. Die Abgaszusammensetzung ist im warmen Zustand deutlich besser als in kaltem Zustand. Diese Einheit ermöglichte, dass die Betriebstemperatur schneller erreicht werden konnte.

Auch im Dieselmotor gab es die Möglichkeit einen Rußpartikelfilter nachzurüsten. Diese Maßnahmen sorgten dafür, dass weniger giftige Abgase ausgestoßen wurden und somit weniger Steuern zu bezahlen waren. Diese Umrüstungen wurden sogar vom Staat bezuschusst.

Heutzutage sind die auf dem Markt befindlichen Fahrzeuge zum Großteil bereits nachgerüstet oder vom Fahrzeugwerk aus, bereits mit vergleichbaren Modulen ausgestattet.

In den Nachrichten war vor kurzem oft die Rede von Hardware Nachrüstungen bei Dieselfahrzeugen, um die Abgasnormen einzuhalten. Vielleicht haben Sie das mitbekommen. Ich bin der festen Überzeugung, dass dieses funktionieren würde, jedoch wird es wohl erst möglich sein, wenn der Staat wieder die Brieftasche öffnet und diese Nachrüstung subventioniert.

Die beste Möglichkeit um Kfz-Steuern einzusparen ist aber zweifelsohne der Erwerb eines neuen Elektroautos. Wer einen neuen Elektrowagen bis Ende des Jahres 2020 zulässt, wird für ganze zehn Jahre von der Steuer befreit.

Aber auch nach den zehn Jahren, wird die Steuerlast nur etwa halb so hoch sein, wie bei einem vergleichbaren Auto mit einem Verbrennungsmotor.

# 7.3 Dieselfahrverbote

Nach der Abgasaffäre folgten die ersten Fahrverbote für Autos mit Dieselmotoren. Straßen, auf denen das untenstehende Schild steht, dürfen Sie mit einem Dieselantrieb, nur noch mit der zugeordneten Umweltplakette befahren.

Es scheint so, als wenn langsam die Ära des Dieselmotors zu Ende geht. Dabei gab der Diesel über eine sehr lange Zeit hinweg als vorteilhaft gegenüber einem Benziner.  In der heutigen Zeit werden Dieselfahrer nicht selten als Umweltsünder dargestellt. Vor allem der Euro-5 Diesel, mit der grünen Umweltplakette, galt bis vor kurzem noch als ökologisch und effizient. Heute wird er als

Feinstaub- und Stickstoffoxidschleuder dargestellt. Die bekannten Umweltzonen erfüllen den Zweck der Reduzierung von Feinstaubbelastung für die Bewohner der Innenstädte. Mit der Vergabe einer blauen Umweltplakette geht es dem Gesetzgeber darum, die Belastung durch Stickstoffoxide zu reduzieren. Diese blauen Plaketten, für besonders „saubere" Autos, würden aber wohl nur an die neusten Dieselmotoren, mit der oft genannten "Hardware Abgasnachbehandlung" vergeben werden.

Selbst Fahrzeuge die noch vor einem Jahr (2017) mit Euro-6 neu zugelassen wurden, könnten unter Umständen nur noch zur „grünen" und somit nicht mehr zu der besten, nämlich der blauen Schadstoffklasse zählen. Es bleibt abzuwarten, ob sich die Hardware Nachrüstung in Deutschland durchsetzen wird, um die Städte vor der Abgasbelastung zu schützen. Die Fahrverbote erfüllen einzig den Zweck, die Luftqualität in dem jeweiligen Stadtgebiet zu verbessern. Wo und wann es neue Verbote geben wird, ist nicht vorauszusagen. Im April 2018 wurden in Hamburg die ersten Straßenabschnitte für ältere Diesel gesperrt. In Stuttgart darf man ab dem 01. Januar 2019 nur noch mit Euro-6 Dieselmotoren in die Stadt fahren. Frankfurt folgt im Februar 2019.

Ich bin der festen Überzeugung, dass im Zeitverlauf viele weitere Städte nachziehen werden. Um auch in Zukunft auf aktuellem Stand zu sein, kann ich Ihnen die Internetseiten des ADAC empfehlen. Diese klären Sie immer über die neusten Ereignisse auf. www.adac.de

So löblich der Umweltschutz auch ist, genauso ärgerlich ist, dass die Autofahrer für diese Umweltbelastung als Sündenböcke herhalten müssen. So wird ein im Hamburger Hafen stehendes Kreuzfahrtschiff, das mit Schweröl betrieben wird und ein Vielfaches der Abgase eines Autos produziert, schlichtweg von der Regierung geduldet. Wir können gespannt sein, wie sich diese Situation in der Zukunft entwickeln wird.

Wo Probleme sind können jedoch auch Chancen sein. Falls Sie ländlich wohnen und nicht in eine Großstadt fahren müssen, so können Sie derzeit Dieselfahrzeuge mit einem guten Rabatt erwerben.

## 7.4 Zulassung

Ihr Fahrzeug können Sie an der Zulassungsbehörde in Ihrer Heimatstadt anmelden. Es ist immer die örtliche Zulassungsbehörde Ihres Wohnsitzes zuständig. Informieren Sie sich online darüber, welche Behörde Sie aufsuchen müssen. Seit 2015 bieten einige Zulassungsstellen alternativ auch eine Onlinezulassung über das Internet an. Auch viele Autohäuser bieten diesen Service für Ihre Kunden an. Autohäuser verlangen meistens eine Gebühr von ca. 100€ dafür. Am besten ist es, wenn Sie diesen Service direkt bei der Preisverhandlung einfordern.

Falls Sie jedoch selber im Dschungel der Behörden bestehen möchten, erkläre ich Ihnen auf den folgenden Seiten genau, welche Reihenfolge Sie einhalten sollten und welche Unterlagen Sie für die Zulassung benötigen. Dieser Punkt ist besonders wichtig, denn so mancher Kunde von mir, musste nach über einer Stunde Wartezeit in der Zulassungsstelle frustriert feststellen, dass er nicht alle erforderlichen Unterlagen zur Hand hatte. Dies ist sehr ärgerlich, wenn Sie sich z.B. extra Urlaub genommen haben und jetzt die gesamte Prozedur von vorne mitmachen müssen. Bevor Sie zu der Zulassungsstelle fahren, sollten Sie unbedingt überprüfen, ob Sie folgende Unterlagen zur Hand haben:

- **Gültiger Personalausweis oder**
- **Reisepass mit Meldebescheinigung**

Ausschlaggebend ist, dass Sie Ihr Fahrzeug selbst und auf Ihren Namen zulassen. Falls Ihre Ausweisformulare abgelaufen sind, können Sie diese Dokumente in Ihrem örtlichen Bürgerbüro beantragen.

- **Elektronische Versicherungsbestätigung (eVB Nr.)**

Diese Bescheinigung erhalten Sie von der Versicherungsgesellschaft, bei der Ihr Fahrzeug versichert wird. Dabei spielt es noch keine Rolle, in welchem Umfang Sie Ihren Wagen versichern werden.

- **SEPA-Lastschriftmandat Kfz-Steuer (Formular 032021)**

Dieses Mandat dient zur Abbuchung der Kfz-Steuer. Es muss vom Kontoinhaber und ggf. vom abweichenden Fahrzeughalter unterschrieben werden. (siehe. 8.2)

- **Amtliches Kennzeichen (vorne und hinten)**

Bei einer Ummeldung werden die Kennzeichen benötigt, die bisher an Ihrem alten Fahrzeug waren. Die Prüfplakette der Hauptuntersuchung und das Landessiegel werden entfernt. Erst danach können Sie das neue Fahrzeug zulassen.

Sie erhalten die neuen Kennzeichen an der Schilderstelle. Diese befindet sich meistens direkt an der Zulassungsstelle.

| |
|---|
| **Mein Tipp:** Im Internet können Sie sich gegen einen kleinen Aufpreis ein Wunschkennzeichen reservieren. |

- **Fahrzeugschein und Fahrzeugbrief (Zulassungsbescheinigung 1 und 2)**

Der Fahrzeugschein dient zugleich als Abmeldebescheinigung und Beweis vor dem Straßenverkehrsamt, dass dieses Fahrzeug nicht schon zugelassen ist. Der Fahrzeugbrief ist der Eigentumsnachweis, der Sie berechtigt dieses Fahrzeug zuzulassen.

- **Bargeld, EC- oder Kreditkarte**

Zulassungsgebühren, Kennzeichen und eine Feinstaubplakette müssen sofort bezahlt werden. (Falls Sie in einer Umweltzone wohnen, achten Sie darauf, nicht ohne Feinstaubplakette zu fahren)

**Nur bei Gebrauchtwagen:**

- **Gültiger Bericht der Hauptuntersuchung HU §29 StVZO**

Die HU sollte bereits vor dem Kauf durchgeführt worden sein.

**Nur bei Neuwagen:**

- **EWG-ÜBEREINSTIMMUNGS-BESCHEINIGUNG bzw. COC-Dokument**

Diese Bescheinigung belegt die Prüfung des Fahrzeugs nach EU Standards. Der Verkäufer händigt Ihnen dieses Dokument aus.

Falls Sie einen Oldtimer oder Importfahrzeug zulassen möchten, fragen Sie beim Straßenverkehrsamt nach, welche weiteren individuellen Dokumente benötigt werden. So kann es zu keinen bösen Überraschungen in der Zulassungsstelle kommen.

# 8. Gute Fahrt

*„Man kann ein Auto nicht wie ein menschliches Wesen behandeln. Ein Auto braucht Liebe.“*

*Walter Röhrl, Ralley Fahrer*

Nachdem Ihr Fahrzeug zugelassen ist, kann es endlich losgehen. Nachfolgend möchte ich Ihnen daher noch ein paar Tipps mit an die Hand geben, damit Ihr Autotraum sich nicht zum Albtraum entwickelt. Achten Sie auf Ihren Wagen. Technische Kontrollen sind wichtig, um Sie und andere Verkehrsteilnehmer nicht zu gefährden.

### „Wer sein Auto liebt, der schiebt“

sollte sicher nicht die Devise für Sie und Ihr Auto sein. Deshalb braucht besonders ein in die Jahre gekommener Wagen, eine sehr gute Pflege. So hat man auch noch länger noch Freude an ihm. Man darf einen Gebrauchtwagen nie mit der Einstellung fahren, dass der Wagen sowieso schon alt ist und eine Delle mehr oder weniger auch egal ist. Wer weiß? Vielleicht wollen Sie Ihren Wagen ja doch noch einmal verkaufen.

## 8.1 Wartung

Damit Sie lange Spaß an Ihrem Fahrzeug haben, braucht es eine sehr gute Pflege. Ob bei Neu- oder Gebrauchtwagen spielt dabei keine große Rolle. Halten Sie sich an die im Serviceheft hinterlegten Wartungsintervalle, um frühzeitig erkennbare Mängel sofort zu beheben, bevor ein größerer Folgeschaden entsteht. Jeder Service umfasst einen unterschiedlich großen Umfang an Arbeiten, die ausgeführt werden müssen. Regelmäßige Wartungen vermeiden außerdem auch unvorhergesehene Pannen, die meistens genau dann eintreffen, wenn Sie es gar nicht gebrauchen können.

Zu wenig Motoröl, verschlissene Bremsen oder ein poröser Keilriemen sind nur drei von unzähligen Teilen am Fahrzeug, die regelmäßig geprüft werden sollten, um Ihr Fahrzeug vor einer Panne zu schützen. Eine Panne kann unter Umständen deutlich teurer werden als z.B. ein Satz neuer Zündkerzen. Abgesehen von der nervigen Wartezeit oder einer gefährlichen Situation auf der Autobahn, muss auch das Abschleppunternehmen bezahlt werden. Jetzt müssen die defekten Teile erneuert werden, damit Sie weiterfahren können. Möglicherweise haben die kaputten Teile auch noch weitere Bauteile beschädigt.

Im schlechtesten Fall haben Sie die Panne dann auch noch im Ausland und eine dubiose Hinterhofwerkstatt macht sich an Ihrem Auto zu schaffen. Jetzt bleibt Ihnen nichts anderes zu tun als darauf zu vertrauen, dass alles ordnungsgemäß durchgeführt wird.

Eine Wartung ist somit das A und O für eine lange Lebensdauer und Freude am Fahren.

**Ein kleiner Tipp von mir noch:**

Aus Erfahrung sage ich Ihnen, dass Sie in den ersten fünf Fahrzeugjahren auf jeden Fall alle Wartungen und Reparaturen in der jeweiligen Vertragswerkstatt durchführen lassen sollten. Denn auch nach Ablauf der Garantie kann eine Vertragswerkstatt noch eine Kulanzbeteiligung des Herstellers bewirken. Dies ist aber nur möglich, wenn Sie Ihren Wagen ausschließlich in der Vertragswerkstatt haben reparieren und warten lassen.

Falls Sie also einen Schaden nach Ablauf der Herstellergarantie haben, fragen Sie gezielt nach einer Kulanzbeteiligung. In vielen Fällen zeigen sich die Hersteller dann großzügig, denn Sie möchten die Kunden nicht an eine der vielen freien Werkstätten verlieren. Nachdem das Auto in die Jahre gekommen ist, können Sie sich aussuchen, in welche Werkstatt Sie fahren.

Aber lassen Sie sich nicht von günstigeren Stundenlöhnen oder Ersatzteilen locken. Die Vertragswerkstätten können Probleme oft schneller lösen, als freie Werkstätten. Das hebt die

Lohnkosten in den allermeisten Fällen wieder auf. Einen letzten Punkt möchte ich Ihnen noch ans Herz legen.

### Seien Sie vorsichtig bei Tuning an Fahrzeugen.

Extra breite Reifen, eine Tieferlegung oder ein dröhnender Auspuff sind nicht immer zugelassen und müssen überprüft und meistens vom TÜV eingetragen werden. Dies kann sehr hohe Folgekosten nach sich ziehen.

Der eine oder andere sportliche Autofahrer hat in einer Polizeikontrolle schon eine böse Überraschung erlebt. Vieles geht, aber nicht alles ist zulässig. Hinzu kommen noch Probleme mit der Fahrzeugelektrik. Die heutigen Fahrzeuge arbeiten mit einem Datenbus System, dass bei Veränderung der Scheinwerfer oder des Audiosystems oft Probleme bereitet. Auch eine Aufbesserung der Motorleistung, das sogenannte Chip-Tuning, ist nicht immer vorteilhaft für den Motor. Informieren Sie sich in jedem Fall vorher genau. Ein Umbau des Fahrzeugs steigert in den meisten Fällen nicht den Wert, sondern schmälert den Wiederverkaufswert.

## 8.2 Werterhalt

Ein regelmäßiger Besuch der Werkstatt, erhält auch den Wert Ihres Fahrzeugs. Sie selbst möchten auch gerne ein Fahrzeug kaufen, das regelmäßig gewartet wurde und dem sollten Sie es gleichtun. Lassen Sie jede Wartung termingerecht durchführen und in das Serviceheft eintragen. Heben Sie zudem auch alle Rechnung auf. Bei einem Wiederverkauf kann das zur Nachverfolgung des technischen Zustandes Ihres Fahrzeugs dienen. Ebenso sollten Sie die oberflächliche Beschaffenheit, sprich die Optik Ihres Fahrzeugs, nicht vernachlässigen. Regelmäßige Reinigungen von außen und innen wirken dem Alter entgegen. Vor allem im Winter, wenn viel Salz auf den Straßen liegt, ist es enorm wichtig dieses durch regelmäßiges Waschen zu entfernen.

**Fazit:** Ein sauberes Fahrzeug und eine ordentlich dokumentierte Wartung des Fahrzeugs, ist von herausragender Bedeutung für den Werterhalt Ihres Autos. Sie dürfen sich nicht wundern, wenn beim Wiederverkauf eines ungepflegten Autos erhebliche Einbußen drohen.

## 8.3 Warn- und Kontrollleuchten

In jedem Fahrzeug gibt es Warn- und Kontrollleuchten. Im Laufe der Zeit sind es immer mehr Leuchten geworden. Damit Sie nicht den Überblick verlieren, zeige ich Ihnen die wichtigsten Leuchten auf den folgenden Seiten. Einige dieser Leuchten gehen nur kurzzeitig, während der Funktionsprüfung beim Startvorgang an. Erlöschen die Leuchten nicht oder leuchten diese bei laufendem Motor oder während der Fahrt, liegt in den meisten Fällen ein Fehler vor.

Je nach Leuchte handelt es sich um Störungen in einem System oder einer Funktion, die derzeit ausgeführt wird. Es gibt blaue, grüne, gelbe und rote Leuchten. Blaue und grüne Leuchten weisen Sie auf eine Funktion hin die derzeit ausgeführt wird. Gelbe und rote Leuchten zeigen eine Störung an, die umgehend geprüft werden sollte. Bei gelben Leuchten ist die Weiterfahrt, mit Einschränkungen in dem jeweiligen System, aber möglich. Bei roten Leuchten liegt eine akute Gefährdung für das Fahrzeug oder die Insassen vor. Suchen Sie in beiden Fällen umgehend eine Werkstatt auf.

**Kontrollleuchte Standlicht (grün):**

Die Standlicht Kontrollleuchte zeigt Ihnen an, dass das Standlicht eingeschaltet ist.

Das Standlicht umfasst die Notbeleuchtung vorne, sowie die Rücklichter und Kennzeichenbeleuchtung.

**Kontrollleuchte Abblendlicht (grün):**

Die Abblendlicht Kontrollleuchte zeigt Ihnen an, dass das Abblendlicht eingeschaltet ist.

Das Abblendlicht ist das Fahrlicht vorne am Fahrzeug, welches eine Ausleuchtung der Straße, ohne das Blenden des Gegenverkehrs, ermöglicht.

**Kontrollleuchte Fernlicht (blau):**

Die Fernlicht Kontrollleuchte zeigt Ihnen an, dass das Fernlicht eingeschaltet ist.

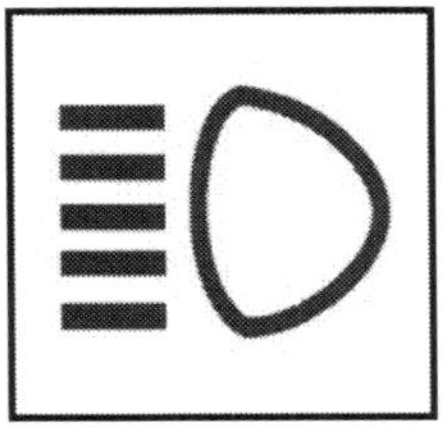

Das Fernlicht ist das stärkste Licht vorne am Fahrzeug, welches eingeschaltet wird, um eine optimale Straßenausleuchtung zu erzielen. Das Fernlicht ist abzuschalten, wenn andere Verkehrsteilnehmer dadurch gestört werden.

**Kontrollleuchte Nebelscheinwerfer (grün):**

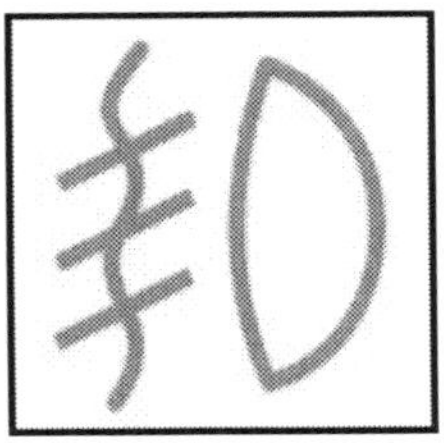

Die Nebelscheinwerfer Kontrollleuchte zeigt Ihnen an, dass die Nebelscheinwerfer eingeschaltet sind. Die Nebelscheinwerfer vorne am Fahrzeug dürfen nur dann eingeschaltet werden, wenn Nebel, Schneefall oder Regen, die Sicht erheblich behindern und die Sichtweite nur eine geringe Anzahl an Metern beträgt.

**Kontrollleuchte Nebelschlussleuchte (gelb):**

Die Nebelschluss Kontrollleuchte zeigt Ihnen an, dass die Nebelschlussleuchte eingeschaltet ist.

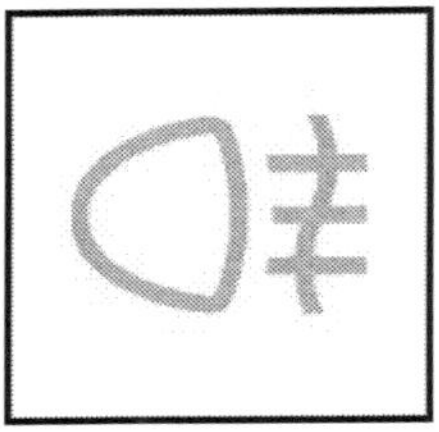

Die Nebelschlussleuchte hinten am Fahrzeug, darf nur bei Nebel und einer Sichtweite von unter 50 Metern eingeschaltet werden. Die Nebelschlussleuchte dient dazu, den nachfolgenden Verkehr zu warnen.

**Kontrollleuchte Blinker (grün):**

Die Blinker Kontrollleuchte zeigt Ihnen an, dass das Blinklicht aktiviert ist.

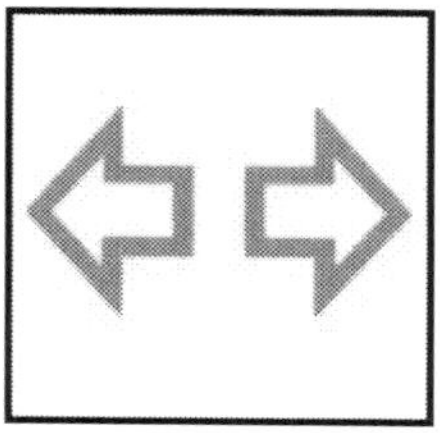

Die Blinker Kontrollleuchte blinkt im Intervall auf, wenn der linke Blinker, der rechte Blinker oder die Warnblinkanlage eingeschaltet ist.

**Kontrollleuchte Reifendruck (gelb):**

Leuchtet die Kontrollleuchte bei laufendem Motor oder während der Fahrt auf, weist dies auf ein Problem mit dem Reifenluftdruck hin.

Die Ursache kann ein defekter Reifen oder ein Leck im Reifen sein. Bei der Weiterfahrt kann der Reifen dauerhaft zerstört werden.

**Kontrollleuchte Start/Stopp (grün und gelb):**

Leuchtet diese Kontrollleuchte bei laufendem Motor oder während der Fahrt gelb auf, weist dies auf ein Problem mit der Start/Stopp Funktion hin.

Sie leuchtet grün, wenn der Motor automatisch ausschaltet, während das Fahrzeug steht, um Kraftstoff zu sparen und die Umwelt zu schonen.

**Warnleuchte Airbag (rot oder gelb):**

Leuchtet die Warnleuchte bei laufendem Motor oder während der Fahrt auf oder blinkt, weist dies auf eine Störung im Airbag System hin.

Die Sicherheit der Insassen ist gefährdet. Suchen Sie umgehend eine Werkstatt auf.

**Kontrollleuchte Wischwasserfüllstand (gelb):**

Leuchtet diese Kontrollleuchte bei laufendem Motor oder während der Fahrt auf, weist dies auf einen leeren Waschwasserbehälter hin.

Eine nicht funktionsfähige Waschanlage wäre ein erheblicher Mangel bei einer Hauptuntersuchung.

**Warnleuchte Sicherheitsgurt (rot)**

Leuchtet die Warnleuchte bei laufendem Motor oder während der Fahrt auf, weist dies auf einen nicht angeschnallten Fahrer oder Fahrgast hin.

Der Gurt schützt bei Unfällen und gewährleistet ein optimales Zusammenspiel mit den Airbags.

**Warnleuchte Batterie (rot):**

Leuchtet die Warnleuchte bei laufendem Motor oder während der Fahrt auf, weist dies auf eine Störung im Ladesystem der Batterie hin.

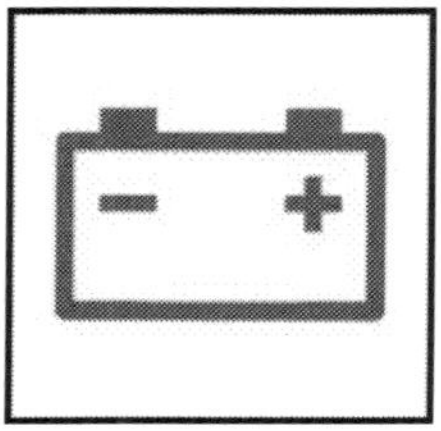

Ihr Fahrzeug kann unter Umständen auch liegen bleiben. Suchen Sie umgehend eine Werkstatt auf.

**Warnleuchte Bremssystem (rot):**

Diese Warnleuchte leuchtet bei laufendem Motor oder während der Fahrt auf, wenn Sie die Feststellbremse nicht gelöst haben.

Sie kann gleichzeitig auch zur Kontrolle der Bremsbelagstärke oder des Bremsflüssigkeitsstandes verwendet werden.

**Warnleuchte Antiblockierbremssystem (gelb):**

Leuchtet die Warnleuchte bei laufendem Motor oder während der Fahrt auf, weist dies auf eine Störung im ABS- System hin.

Die Bremsen funktionieren weiterhin auf herkömmlicher Weise. Ohne das ABS können Sie jedoch keine Lenkbewegungen bei einer Vollbremsung durchführen.

**Warnleuchte ESP (gelb):**

Leuchtet die Warnleuchte während der Fahrt auf, weist dies auf eine Störung im ESP hin.

Das Fahrzeug beschleunigt und bremst weiterhin auf herkömmliche Weise. Die Räder werden bei drohendem Ausbrechen des Fahrzeugs nicht mehr gegengesteuert. Vorsicht bei nassen Straßen oder Frost!

**Warnleuchte Kraftstoffreserve (gelb):**

Leuchtet die Warnleuchte bei laufendem Motor oder während der Fahrt auf, weist dies auf einen bald leeren Tank hin.

Suchen Sie die nächste Tankstelle auf. Bei bestimmten Motoren kann ein leer gefahrener Tank Schäden an wichtigen Komponenten des Motors verursachen.

**Warnleuchte Motorfehler (gelb):**

Leuchtet oder blinkt die Warnleuchte bei laufendem Motor oder während der Fahrt, weist dies auf eine Motorstörung hin.

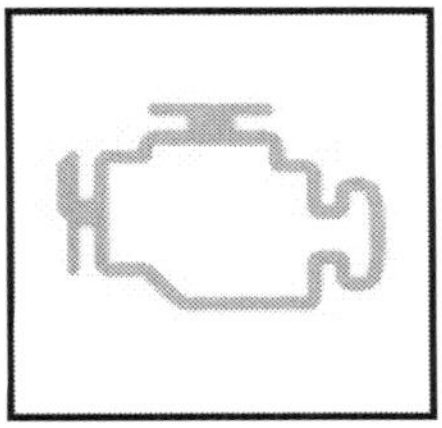

Das Fahrzeug kann mit möglichen Einschränkungen aber weitergefahren werden. Blinkt diese Leuchte hingegen, sollten Sie die Geschwindigkeit stark reduzieren.

**Warnleuchte Kühlmitteltemperatur (rot):**

Leuchtet die Warnleuchte bei laufendem Motor oder während der Fahrt auf, weist dies auf eine Störung im Motorkühlkreislauf hin.

Ursache können eine zu geringe Menge an

Kühlflüssigkeit oder eine Übertemperatur sein. Eine Überhitzung des Motors kann zu einem Motorschaden führen.

**Warnleuchte Motoröldruck (rot):**

Leuchtet die Warnleuchte bei laufendem Motor oder während der Fahrt auf, weist dies auf Problem mit dem Motoröl hin.

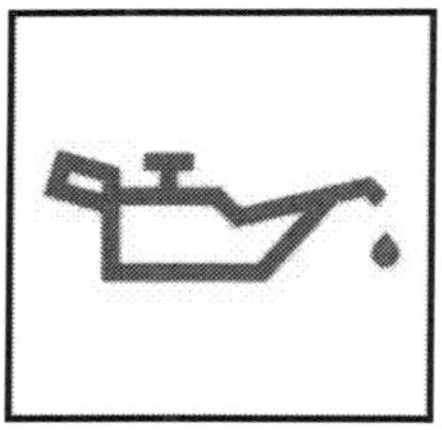

Sie sollten das Fahrzeug nicht weiterfahren. Schalten Sie das Fahrzeug schnellstmöglich ab, sobald es der Verkehr zulässt. Suchen Sie umgehend eine Werkstatt auf.

## 8.4 Schnelle Hilfe im Pannenfall

Im Laufe eines Fahrzeuglebens kann es, wie schon mehrfach angesprochen, leider auch zu einer Fahrzeugpanne kommen. Schlimmer noch, als ein nicht startendes Fahrzeug, wäre noch eine Panne auf der Autobahn oder ein Verkehrsunfall. Wie Sie bereits gelernt haben, können Sie das Risiko einer möglichen Panne durch regelmäßige Wartungen und Kontrollen in der Werkstatt minimieren. Startet Ihr Fahrzeug nicht, sollten Sie nicht auf eigene Faust versuchen Ihr Fahrzeug wieder zum Laufen zu bringen.

Aus Erfahrung kann ich Ihnen mitteilen, dass viele meiner Kunden versuchen würden das Fahrzeug zu „überbrücken“ bzw. fremd zu starten. Bei falschem Vorgehen kommt es dabei relativ oft vor, dass danach nicht nur das eigentliche Problem geblieben ist, sondern auch noch begleitende Folgeschäden entstanden sind. Das Problem einer defekten Batterie wird dann noch von einem Kabelbrand und Steuergerätefehlern ergänzt.

Wie in vorherigen Kapiteln schon beschrieben, haben Sie eine Auswahl “kostenloser“ Möglichkeiten zur Verfügung, damit Sie in einem Schadenfall schnell Hilfe bekommen können.

## 1. Mobilitätsgarantie des Herstellers

Wenn Sie Ihr Fahrzeug regelmäßig in der Vertragswerkstatt warten lassen, geben die meisten Hersteller kostenlos eine Mobilitätsgarantie hinzu. Sie können jetzt einfach die Telefonnummer dieser "Assistance" wählen und Ihnen wird kostenlos geholfen. Die Leistungen dieses kostenlosen Service sind meist europaweit abrufbar und umfassen viele Leistungen, von der Hilfeleistung vor Ort, über den Transport in die nächste Vertragswerkstatt, bis hin zur Hotelübernachtung.

## 2. Automobilclub

Ein Automobilclub ist ein Verein, der sich auf die Hilfe im Fall einer Fahrzeugpanne spezialisiert hat. Der größte und bekannteste Automobilclub ist der ADAC mit Sitz in München. Ende 2017 zählte der ADAC über 20 Millionen Mitglieder. Es gibt aber auch einige andere Clubs in Deutschland. Sind Sie in einem Automobilclub, zögern Sie nicht diesen anzurufen. Sie müssen lediglich die Vertragsdaten durchgeben und der nächste Servicewagen kommt zu Ihnen. Je nach Vertragsumfang werden auch hier alle Leistungen übernommen, die auch die

Mobilitätsgarantieen der Hersteller versprechen. In einigen Fällen aber auch viele Services weit darüber hinaus. Ein europaweiter Rücktransport des eigenen Fahrzeugs in die Stammwerkstatt, ist nur eine der unzähligen Leistungen von Automobilclubs.

### 3. Schutzbrief der Kfz-Versicherung

Haben Sie bei Abschluss der Versicherung einen Schutzbrief mit abgeschlossen oder haben Sie sich für die günstigere Variante entschieden? Der Schutzbrief ähnelt in seinen Leistungen sehr den beiden zuerst vorgestellten Pannenhilfen.

Im Schadenfall können Sie sowohl die Servicehotline der Versicherung, als auch Ihre Werkstatt kontaktieren. Ihre Autowerkstatt kann die Kosten für die Hilfe dann direkt mit Ihrer Versicherung, bis zu einer vertraglich bestimmten Summe, abrechnen. Informieren Sie sich vorher bei der Werkstatt über die möglichen Kosten, die auf Sie zukommen könnten.

In den ersten drei Fällen ist es möglich, dass egal wen Sie kontaktieren, ein und derselbe Helfer kommt. Viele Pannendienste arbeiten im Auftrag dieser Organisationen. Die Mobilitätsgarantie des Herstellers erhalten Sie kostenlos bei der Wartung und ist immer ein sehr gutes Backup für den Fall einer Panne. Hier gilt, mitnehmen was man Ihnen schenkt.

Zwischen einem Schutzbrief der Versicherung oder der Mitgliedschaft in einem Automobilclub sollten Sie sich hingegen entscheiden. Beides zusammen benötigen Sie nicht.

**Meine persönliche Empfehlung:**

Wer viel auf Autobahnen oder im Ausland unterwegs ist, sollte in einen Automobilclub eintreten und den Vertrag nach seinen individuellen Bedürfnissen auswählen. Beachten Sie bei den ersten drei Möglichkeiten jedoch, dass es bei extremen Witterungen z.B. der erste Frost oder einem starken Unwetter, zu langen Wartezeiten kommen kann. Viele meiner Freunde und Kunden mussten schon bis zu vier Stunden auf die Hilfe warten.

### 4. Die Werkstatt

Falls Sie keine der bisher aufgeführten Leistungen in Anspruch nehmen können, weil Sie weder in einem Automobilclub sind, noch über einen Schutzbrief oder eine Mobilitätsgarantie verfügen, dann rufen Sie einfach in Ihrer Autowerkstatt an. Oftmals haben diese noch andere, kostengünstige Möglichkeiten um Ihnen zu helfen.

### 5. Selbst abschleppen

Möglichkeit fünf kann ich Ihnen wirklich nur dann ans Herz legen, wenn Sie wirklich genau wissen, was Sie tun. Das Abschleppen mit dem Seil oder der Stange ist nichts für Anfänger. Viele Fahrzeugsysteme, wie z.B. der Bremskraftverstärker oder die Servolenkung, arbeiten nur bei laufendem Motor.

# Schlusswort

*"Wenn die anderen glauben, man ist am Ende, so muss man erst richtig anfangen."*

*Konrad Adenauer*

Herzlichen Glückwunsch, Sie haben es geschafft mein Buch bis zum Ende zu lesen und haben somit gelernt, worauf es bei einem Fahrzeugkauf ankommt. Sie können jetzt, besser vorbereitet als die meisten Menschen, losziehen und einen eigenen Wagen kaufen. So ein Autokauf ist immer individuell und Sie können schnell den Faden verlieren. Daher empfehle ich Ihnen, die im Buch enthaltene Checkliste, immer zu einer Besichtigung oder einem Kauf mitzunehmen. Beachten Sie die erlernten Kenntnisse, um bei den Versicherungen und

Behörden immer den Durchblick zu behalten. Entscheiden Sie immer mit Bedacht und verfallen nicht in Euphorie. So ein Kauf soll gut überlegt sein und Sie möchten ja nach Möglichkeit viele Jahre etwas davon haben.

Falls Sie Anregungen oder Kritik zum Buch haben oder Sie derzeit dabei sind Ihr Fahrzeug zu kaufen und noch einige Fragen dazu haben, können Sie mich gerne unter meiner e-Mail Adresse kontaktieren.

augenaufbeimautokauf@gmx.de

Ich hoffe wirklich sehr, dass ich mein Ziel erreicht habe und einen Mehrwert für Sie schaffen konnte. Zudem hoffe ich, dass ich Ihnen alle Antworten geben konnte, die Sie gesucht haben.

In dieses Buch sind unzählige Erfahrungen eingeflossen, die ich mit viel Mühe ausgearbeitet habe. Es würde mich daher sehr freuen, wenn Sie sich die Zeit nehmen würden, um mir ein kurzes Feedback an die oben genannte e-Mail Adresse zu senden.

Wie hat ihnen das Buch gefallen? Was hat Ihnen gut gefallen? Was hat Ihnen nicht so gut gefallen? Wie beurteilen Sie das Preis-/Leistungsverhältnis? Haben Sie aufgrund meines Buches positive Erfahrungen bei einem Autokauf gemacht?

Wenn Sie zufrieden sind, würde ich mich freuen, wenn Sie mein Buch weiterempfehlen würden. Sie können es auch gerne weiter verschenken oder anderen Lesern eine Hilfestellung in Form einer kurzen Bewertung auf Amazon geben.

Ich würde mich freuen von Ihnen zu hören.

Zum Abschluss sage ich, vielen Dank und wünsche Ihnen allzeit gute Fahrt.

Mit freundlichen Grüßen,

Julian Thier

# Quellenangabe

Für Dieses Buch habe ich mich auf eigene Erfahrungen bezogen und zusätzlich auf folgenden Seiten recherchiert:

**Internetseite des Kraftfahrt-Bundesamt**
**www.kba.de**

**Internetseite der mobile.de GmbH**
**www.mobile.de**

**Internetseite der AutoScout24 GmbH**
**www.autoscout24.de**

**Internetseite der eBay Kleinanzeigen GmbH**
**www.ebay-kleinanzeigen.de**

**Internetseite Verband der TÜV e. V.**
**www.vdtuev.de**

**Internetseiten der Scout24 AG**
**www.financescout24.de**

**Internetseiten der CHECK24 Media GmbH**

**www.check24.de**

**Internetseiten der Axel Springer SE**

**http://www.autobild.de**

**Internetseiten des ADAC e.V.**

**www.adac.de**

# Copyright & Impressum



Julian Thier
Zur Höhe 12
48653 Coesfeld
augenaufbeimautokauf@gmx.de

Printed in Poland
by Amazon Fulfillment
Poland Sp. z o.o., Wrocław

38344669R00077